智能电网技术与装备丛书

电力系统全电磁暂态仿真

Electromagnetic Transient Simulation for Large Power System

汤 涌 刘文焯 著

科 学 出 版 社

北 京

内 容 简 介

本书全面阐述了电力系统全电磁暂态仿真的模型和算法，以及软件开发技术，共分为八章。第1章概述电力系统仿真的基本原理，第2～4章详细介绍电力系统常规设备数学模型、新能源发电设备模型、常规直流及柔性直流数学模型，第5～7章重点介绍电磁暂态仿真算法、电磁暂态并行仿真技术和电磁暂态仿真的初始化技术，第8章介绍全电磁暂态仿真程序在实际电网中的应用。

本书可供电力系统科研、工程设计、系统分析、调度运行人员以及高等院校电气工程专业的师生参考。

图书在版编目(CIP)数据

电力系统全电磁暂态仿真=Electromagnetic Transient Simulation for Large Power System / 汤涌，刘文焯著. —北京：科学出版社，2022.12

(智能电网技术与装备丛书)

国家出版基金项目

ISBN 978-7-03-069393-8

Ⅰ. ①电… Ⅱ. ①汤… ②刘… Ⅲ. ①电力系统-暂态仿真 Ⅳ. ①TM711

中国版本图书馆CIP数据核字(2021)第143424号

责任编辑：范运年 王楠楠 / 责任校对：王萌萌

责任印制：赵 博 / 封面设计：赫 健

科学出版社出版

北京东黄城根北街16号

邮政编码: 100717

http://www.sciencep.com

三河市春园印刷有限公司印刷

科学出版社发行 各地新华书店经销

*

2022年12月第 一 版 开本：720×1000 1/16

2024年 2 月第二次印刷 印张：11

字数：251 000

定价：98.00 元

(如有印装质量问题，我社负责调换)

“智能电网技术与装备丛书”序

国家重点研发计划由原来的“国家重点基础研究发展计划”(973 计划)、“国家高技术研究发展计划”(863 计划)、国家科技支撑计划、国际科技合作与交流专项、产业技术研究与开发基金和公益性行业科研专项等整合而成，是针对事关国计民生的重大社会公益性研究的计划。国家重点研发计划事关产业核心竞争力、整体自主创新能力和国家安全的战略性、基础性、前瞻性重大科学问题、重大共性关键技术和产品，为我国国民经济和社会发展主要领域提供持续性的支撑和引领。

“智能电网技术与装备”重点专项是国家重点研发计划第一批启动的重点专项，是国家创新驱动发展战略的重要组成部分。该专项通过各项目的实施和研究，持续推动智能电网领域技术创新，支撑能源结构清洁化转型和能源消费革命。该专项从基础研究、重大共性关键技术研究到典型应用示范，全链条创新设计、一体化组织实施，实现智能电网关键装备国产化。

“十三五”期间，智能电网专项重点研究大规模可再生能源并网消纳、大电网柔性互联、大规模用户供需互动用电、多能源互补的分布式供能与微网等关键技术，并对智能电网涉及的大规模长寿命低成本储能、高压大功率电力电子器件、先进电工材料以及能源互联网理论等基础理论与材料等开展基础研究，专项还部署了部分重大示范工程。“十三五”期间专项任务部署中基础理论研究项目占 24%；共性关键技术项目占 54%；应用示范任务项目占 22%。

“智能电网技术与装备”重点专项实施总体进展顺利，突破了一批事关产业核心竞争力的重大共性关键技术，研发了一批具有整体自主创新能力的装备，形成了一批应用示范带动和世界领先的技术成果。预期通过专项实施，可显著提升我国智能电网技术和装备的水平。

基于加强推广专项成果的良好愿景，工业和信息化部产业发展促进中心与科学出版社联合策划出版以智能电网专项优秀科技成果为基础的“智能电网技术与装备丛书”，丛书为承担重点专项的各位专家和工作人员提供一个展示的平台。出版著作是一个非常艰苦的过程，耗人、耗时，通常是几年磨一剑，在此感谢承担“智能电网技术与装备”重点专项的所有参与人员和为丛书出版做出贡献的作者和工作人员。我们期望将这套丛书做成智能电网领域权威的出版物！

我相信这套丛书的出版，将是我国智能电网领域技术发展的重要标志，不仅能供更多的电力行业从业人员学习和借鉴，也能促使更多的读者了解我国智能电网技术的发展和成就，共同推动我国智能电网领域的进步和发展。

刘建明

2019 年 8 月 30 日

前　言

电力系统仿真是充分认识和了解电力系统暂态和动态特性的重要方式，其基本原理是根据建立的电力系统元件数学模型，通过计算求解获得电力系统的动态行为和运行特性。电力系统仿真较之现场试验具有良好的可控性、无破坏性和经济性，在验证控制系统的有效性及进行工程方案的比较等方面发挥着不可替代的作用，是电力系统运行、规划和研究的重要基础。

电磁暂态过程是指电力系统各个元件中磁场和电场以及相应的电流和电压的变化过程。电磁暂态过程变化较快，因此电磁暂态仿真对电力系统中从几微秒到几十毫秒之间的电磁暂态过程进行仿真的计算步长相对于机电暂态仿真来说要小得多。电力系统电磁暂态仿真的特点是：①研究范围方面，电磁暂态仿真主要研究较短时间内电压、电流瞬时值变化的情况，如外部故障或者操作的暂态过电压、过电流问题以及高压直流输电系统等大功率电力电子设备的快速暂态过程；②仿真模型方面，由于电磁暂态分析需要考虑元件的非线性，仿真采用的数学模型需要计及线路的分布参数、不对称等，而电力网络采用 a、b、c 三相模型或全相模型下的微分方程来描述，与机电暂态仿真不同的是，系统中的变量不是相量而是瞬时值。

电力系统电磁暂态仿真技术起源于 1962 年 H.W.Dommel 的博士学位论文，到 1969 年建立雏形，其标志是 H.W.Dommel 在 IEEE 期刊上发表的关于电磁暂态过程数值求解方法的文章。之后经过许多学者不断完善，到 1982 年电力系统电磁暂态仿真技术已基本成熟，主要标志是美国邦纳维尔电力局(Bonneville Power Administration，BPA)的 BPA-EMTP 程序开始在全世界广泛应用。目前普遍采用的离线电磁暂态仿真程序有 BPA-EMTP 及其多个派生版本、MATLAB 中的 Power System Blockset(PSB)、加拿大马尼托巴直流研究中心的 PSCAD/EMTDC 以及德国西门子公司的 NETOMAC 等；另外还有加拿大马尼托巴 RTDS 技术公司的实时数字仿真器(real time digital simulator，RTDS)、加拿大欧泊实时技术的 HYPERSIM、法国电力公司(EDF)开发的 ARENE、中国电力科学研究院有限公司(以下简称中国电力科学研究院)研发的全电磁暂态仿真软件 PSModel 和 ADPSS。

机电暂态仿真作为大规模交直流电力系统的主要仿真手段，一般用于模拟机和电之间的相互作用。考虑到电力电子设备在电网中大量存在，分布广泛且脆弱，各种过电压和谐振问题已经逐步成为影响电网安全稳定运行的重要因素，只考虑基波、采用周波级(10ms 级)步长、忽略大量过渡过程的机电暂态程序对此类问题显得力不从心，随着未来高比例新能源的接入和直流电网的出现，机电暂态程序更是难以应对。电磁暂态仿真被认为是当今最准确的电力系统仿真方式，能够比较准确地模拟电力电子开关元件的动作过程，是充分认识和了解包括新能源、常规直流、柔性直流在内的电力系统特性的关键技术。本书正是在这样的背景下开始撰写的。

本书总结了中国电力科学研究院电力系统研究所 PSModel 全电磁暂态仿真技术和软件研发团队的研究成果。团队研发的 PSModel 软件具备了对 10000 个以上三相节点的区域级电网进行全电磁暂态仿真的能力，本书是该研究团队共同努力的结晶。本书的第 1 章为系统仿真概述，由汤涌撰写；第 2 章主要针对电磁暂态中的常用模型进行简单介绍，由汤涌和刘文焯撰写；第 3 章主要介绍包括双馈感应风力发电机、直驱风力发电机、光伏发电和静止同步补偿器在内的新能源发电设备模型，由刘文焯、崔森和郁舒雁撰写；第 4 章介绍常规直流及柔性直流数学模型，由许克和连攀杰撰写；第 5 章和第 6 章对电磁暂态仿真算法和电磁暂态并行仿真技术进行介绍，由刘文焯撰写；第 7 章介绍电磁暂态仿真的初始化技术，由叶小晖撰写；第 8 章介绍全电磁暂态仿真程序在实际电网中的应用，由刘文焯、连攀杰、汤涌撰写。全书由连攀杰和崔森校对，白杰伟完成图形绘制和格式修改，最后由刘文焯统稿。

与本书相关的研究工作得到了国家重点研发计划“大型交直流混联电网运行控制与保护”(2016YFB0900600)的资助，在此表示感谢。

电磁暂态仿真算法和模型极其复杂，限于作者水平和时间仓促，书中难免存在不妥之处，恳请广大读者批评指正。

作　者

2022 年 6 月北京

目　　录

第1章 概　　论

1.1　系统仿真概述

在科学研究和工程实践中，人们往往不能直接对所研究的对象进行试验，常常通过建立一个与研究对象(一般称为系统)相似的模型，间接地研究原型的规律，这种间接试验技术就是系统仿真技术[1-5]。

仿真是利用模型来模拟实际系统的运动过程并进行试验的技术。通常对系统仿真的定义是，建立系统的模型，并在模型上进行试验。系统仿真有三个基本的过程，即系统建模、仿真算法和仿真试验。联系这三个过程的是系统仿真的三要素：物理系统、数学模型和计算机(包括硬件和软件)。它们的关系可用图 1.1 表示。

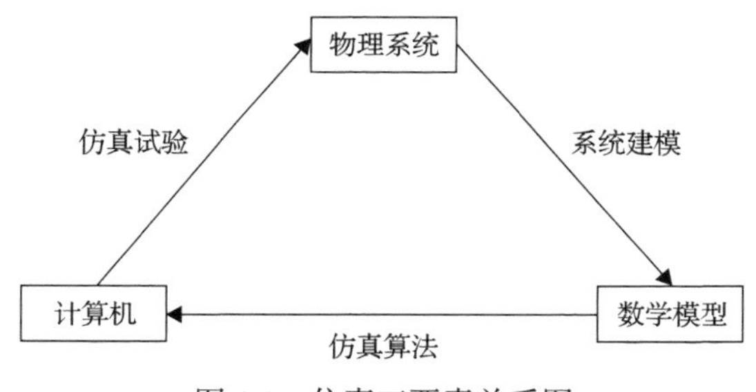

图 1.1　仿真三要素关系图

物理系统是由具有特定功能的、相互间有机联系并且相互作用着的要素所构成的整体。根据研究目的的不同，物理系统会进行相应的近似简化，具体构成将由研究内容来确定。

数学模型是对物理系统的一种数学表示，用以描述系统的结构、形态以及信息传递的规律，数学模型通常是物理系统的一种简化和抽象。针对不同的研究目的，同一个系统的模型的精确度和所包含的内容可能不同。

计算机指通过硬件配置和仿真程序来完成数学模型的计算机实现，用于满足不同目的的仿真要求。

系统仿真的一般过程可用图 1.2 来表示。首先要明确系统仿真的目的和基本要求，明确仿真要解决的问题和研究对象。系统建模通过对物理系统的观测，在忽略次要因素的基础上，用数学或物理的方法进行表示，从而获得实际系统的简化近似模型。仿真算法根据系统的特点和仿真的要求选择合适的算法，这时应保证算法的稳定性、计算精度和计算速度能够满足仿真的基本要求。仿真程序实现将仿真算法和模型用计算机能够执行的语言来描述，同时还应包括对仿真试验要求的设定，如仿真运行参数、控制参数、输出要求等。当然，程序的检验是必不可少的，一方面是调试程序，另一方面是检验所选仿真算法和模型的合理性。最后一个重要步骤是检验仿真结果的正确性，即通过仿真模型校验和确认，检验仿真结果与物理系统的一致性。

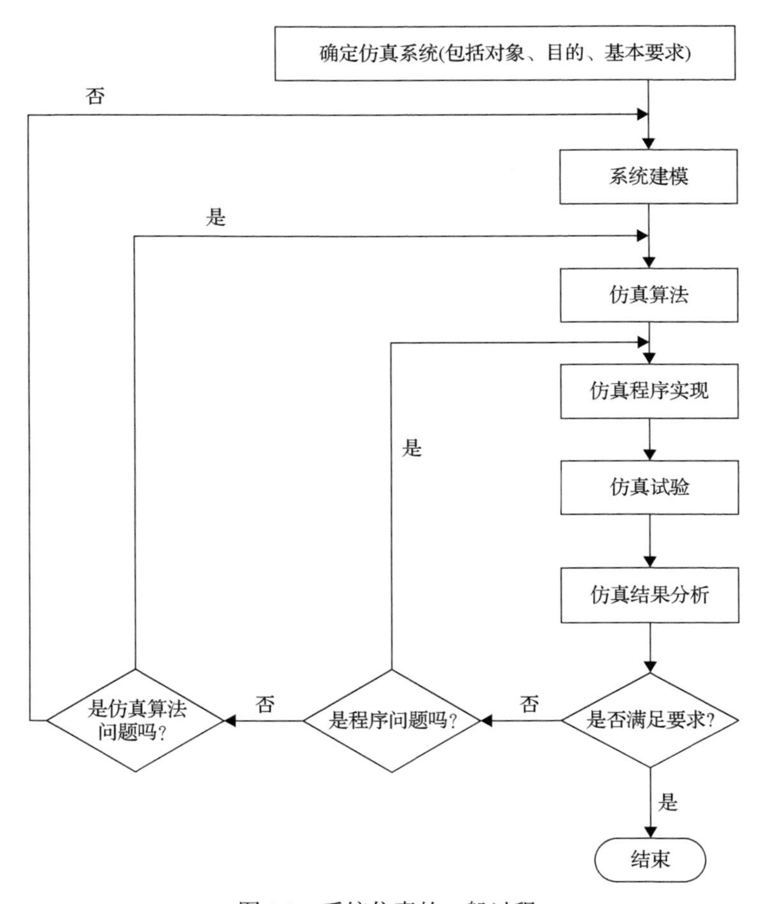

图 1.2　系统仿真的一般过程

仿真技术是一门综合性的技术学科，在现代社会中已广泛应用于电力、航空航天、交通运输、通信、化工、核能等各个领域，在系统规划、设计、运行、故障分析及性能改进等各个阶段，都发挥着至关重要的作用。

特别是在下列情况下，不能在实际系统上进行试验，而只能在建立的系统模型基础上进行试验。

(1) 系统还处在设计或设想阶段，并没有真正建立起来，但是需要对设想/设计结果进行原理和技术性验证，进一步完成不同方案之间的技术性能的比较。

(2) 实际系统的某个时间区间中的运行过程已不能重现，甚至实际运行情况已经消失，不可能在实际系统上进行试验。

(3) 在实际系统上做试验时，试验具备危险性，会破坏系统的正常运行，无法恢复。

(4) 在实际环境中做试验时，试验条件很难控制或重现，或者难以进行试验观测，无法对试验结果的优劣做出正确的判断等。

(5) 实际系统试验时间过长，费用太大，如果希望在较短的时间内能观察到实际系统运行的全过程，并估计某些参数对系统行为的影响，那么仿真可以通过缩短或放大时间比例尺控制模型的运行时间，从而适合对长期运行系统或过程进行研究。

通过仿真试验可以达到以下目的。

(1) 通过仿真对选择的各种方案进行技术方面的比较，以选择合理的系统方案。

(2) 分析被控系统对象元部件的动态特性，以及它们对系统性能的影响，合理地选择系统的结构或元部件的性能。

(3) 确定系统的控制规律，选择合理的控制参数，并对系统的性能进行优化。

(4) 对初步设计的系统或样机进行仿真，或将实物放到仿真系统中，以检验其性能指标是否满足要求，并进行修改。

1.2　电力系统仿真

电力系统是由发电、变电、输电、配电、用电等设备和相应的辅助系统组成的复杂的大系统，存在着前述不能在实际系统上进行试验的各种情况，使得在实际电力系统上进行各种试验研究会有很大的限制，有时甚至是不可能的，因而必须采用仿真系统作为试验手段[6-11]。

电力系统仿真可分为数字仿真和物理仿真两类。电力系统数字仿真是在数字计算机上，为电力系统的物理过程建立数学模型，并用数学方法求解以进行试验研究的过程。数字仿真可按模型中的物理量与实际系统物理量之间的时间尺度关系分为实时仿真和非实时仿真。如果模型与实际系统中的时间比例系数为 1∶1，即模型中的动态与实际系统中的动态以相同的速度进行，则这种仿真是实时仿真；如果这一比例系数不为 1∶1 则是非实时仿真，一般用于离线仿真计算。

电力系统物理仿真系统是由专门制造的小型发电机、变压器、Π 形线路、电动机、换流器以及其他电力系统元件的模拟设备组成的与原型电力系统性能相一致的物理仿真装置。由于建造物理仿真系统的代价大、参数难以调整、仿真规模受设备限制、功率不能太大、模拟复杂系统困难等，其大部分功能已由数字仿真系统取代。

1.2.1　电力系统非实时仿真技术

非实时仿真即数字仿真模型响应速度比实际系统的响应速度慢，也就是观测模型 t 时段的运行状态，需要仿真计算的时间往往远超过 t 时段。离线仿真软件一般运行在普通的计算机上，其仿真运行需要的时间远超实际系统的原因，一方面是普通计算机本身的操作系统以及硬件能力上的不足，另一方面是在建模和计算时没有基于实时运行进行优化，导致时间确定性比较差。

电力系统仿真中，动态元件对系统电压和频率变化的响应时间可从微秒、毫秒到数小时。图 1.3 表示了电力系统动态元件响应特性的时间范围。

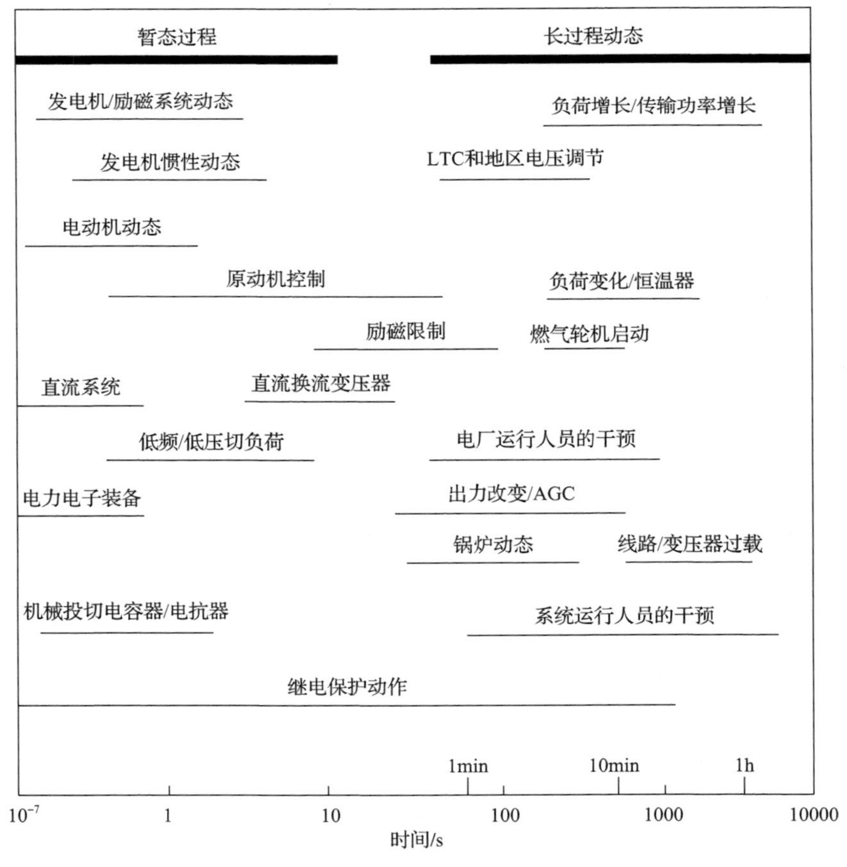

图 1.3　电力系统动态元件响应特性的时间范围

AGC（自动发电控制）；LTC（有载分接开关）

目前，电力系统离线仿真软件针对不同的动态过程，采用不同的仿真方法，可以归纳为电磁暂态仿真、机电暂态仿真和中长期动态过程仿真三种。

1. 电磁暂态仿真

电磁暂态仿真是用数值计算方法对电力系统中从微秒至数秒之间的电磁暂态过程进行仿真模拟。电磁暂态仿真一般应考虑输电线路参数的分布特性和频率相关特性、发电机的电磁和机电暂态过程以及一系列元件(避雷器、变压器、电抗器等)的非线性特性。因此，电磁暂态仿真的数学模型必须建立这些元件和系统的代数或微分、偏微分方程，工程上一般采用的数值积分方法为隐式积分法。

电磁暂态仿真程序主要针对：①由系统外部引起的暂态过程，如雷电过电压等；②由故障及操作引起的暂态过程，如操作过电压、工频过电压等；③谐振暂态过程，如次同步谐振、铁磁谐振等；④控制系统暂态过程，如一次与二次系统的相互作用等；⑤电力电子装置(包括风力发电机组、太阳能光伏发电机组、直流输电、柔性交流输电系统(FACTS)相关装置等)中的开关快速动作和非正弦量的暂态过程等进行数字仿真。

由于电磁暂态仿真不仅要求对电力系统的动态元件采用详细的非线性模型，还要计及输变电网络的暂态过程，需采用微分方程描述，电磁暂态仿真程序的仿真规模受到了限制。一般对大规模电力系统进行电磁暂态仿真时，都要对电力系统进行等值化简。

电磁暂态仿真目前普遍采用的是电磁暂态程序(electromagnetic transients program，EMTP)，其特点是能够计算具有集中参数元件与分布参数元件的任意网络中的暂态过程。程序中采用的模型及计算方法对计算机的适应性强，求解速度快，精确度能满足工程计算的要求。1987年以来，EMTP的版本更新工作在多国合作的基础上继续发展，如ATP-EMTP、EMTP-RV、EPTPE(中国电力科学研究院继续完善版本)。具有与EMTP相似功能的程序还有加拿大马尼托巴直流研究中心的PSCAD/EMTDC、加拿大哥伦比亚大学(UBC)的MicroTran和德国西门子的NETOMAC等。

中国电力科学研究院进一步完善和改进了电磁暂态仿真算法，重新开发了PSModel和ADPSS全电磁暂态仿真软件，具备分网并行、自动建模和初始化能力，并且具有很强的电力电子仿真和大规模电力系统仿真能力。

2. 机电暂态仿真

机电暂态仿真，主要研究电力系统受到大扰动后的暂态稳定和受到小扰动后的静态稳定性能。其中暂态稳定分析研究电力系统受到诸如短路故障、投切线路/发电机/负荷、发电机失去励磁、冲击性负荷等大扰动时，电力系统的动态行为和保持同步稳定运行的能力；静态稳定分析研究电力系统受到小扰动后的稳定性能，为确定输电系统的输送功率极限、分析静态稳定破坏和低频振荡事故的原因、选择发电机励磁调节系统/电力系统稳定器和其他控制调节装置的型式和参数提供依据。

电力系统机电暂态仿真的数学模型可写为

$$\begin{cases}\dfrac{\mathrm{d}x}{\mathrm{d}t}=f(x,y,t)\\0=g(x,y)\end{cases}\tag{1.1}$$

式中，t 为时间；x 为元件的状态变量，由机电暂态仿真中的各种动态元件内部决定；y 为电力系统运行变量，常见为母线电压。第一行微分方程表示电力系统动态元件特性，是系统的状态方程；第二行代数方程表示电力系统静态元件特性，是系统的网络方程，必须满足基尔霍夫基本定律的要求。

电力系统机电暂态仿真的算法就是求解微分方程式和代数方程式构成的微分代数方程组，获得物理量的时域解。微分方程组的求解方法主要有隐式梯形积分法、改进欧拉法、龙格-库塔法等，其中隐式梯形积分法由于数值稳定性好、简单实用而得到最广泛的应用。代数方程组的求解方法主要有适用于求解线性代数方程组的三角分解算法和适于求解非线性代数方程组的牛顿法，按照微分方程和代数方程的求解顺序可分为交替解法和联立解法。目前，因为全国电网的节点数目达到八万个以上，这种微分代数方程组的求解规模超过二十万阶。

目前，国内常用的机电暂态仿真程序是中国电力科学研究院电力系统研究所开发的 PSD（PSD 是电力系统研究所英文 Power System Department 的缩写）电力系统分析软件包和电力系统分析综合程序（PSASP）。国际上常用的有美国 PTI 公司的 PSS/E、美国电力科学研究院（EPRI）的 ETMSP。国际著名的电气公司开发的程序，如 ABB 的 SYMPOW 程序和西门子的 NETOMAC，也具备机电暂态稳定仿真功能。

3. 中长期动态过程仿真

电力系统中长期动态过程仿真是电力系统受到扰动后较长过程的动态仿真，即通常的电力系统长过程动态稳定计算。计算中要计入在一般暂态稳定过程仿真中不考虑的电力系统长过程和慢速的动态特性，包括继电保护系统、自动控制系统、发电厂热力系统和水力系统以及核反应系统的动态响应等。电力系统长过程动态稳定计算的时间范围可从几十秒到几十分钟，甚至数小时。

电力系统长过程动态稳定计算主要用来分析电力系统长时间（几十秒到数小时）的动态过程，其主要仿真和研究的范围如下。

（1）复杂和严重事故的事后分析，以了解事故发生的本质原因，研究正确的反事故措施。

(2)电压稳定性分析，研究电力系统电压稳定性的机理和防止电压崩溃的有效措施。

(3)在规划设计阶段，考核系统承受极端严重故障，即超出正常设计标准的严重故障的能力，以研究降低这类严重故障发生的频率和防止发生恶性事故的措施。

(4)研究事故的发展过程和训练运行人员的紧急处理能力。

(5)研究和安排负荷减载策略。

(6)研究紧急无功支援的有效性。

(7)研究旋转备用的安排和旋转备用机组的分布。

(8)研究 AGC 策略。

(9)锅炉控制系统(包括反应堆)和发电厂辅助设备在大干扰后的响应对发电厂运行特性的影响，协调发电厂的控制与保护系统。

和电力系统暂态稳定计算一样，电力系统长过程稳定计算也是联立求解描述系统动态元件的微分方程组和描述系统网络特性的代数方程组，以获得电力系统长期动态过程的时域解。但是，电力系统长过程动态响应的时间常数从几十毫秒到 100s 以上，是典型的刚性系统，需要采用隐式积分算法。为避免计算时间过长，还必须采用自动变步长计算技术。

目前，国内常用的中长期动态过程仿真程序是中国电力科学研究院开发的 PSD 电力系统全过程仿真程序。国际上主要的长过程动态稳定计算程序主要有法国和比利时电力公司共同开发的 EUROSTAG 程序、美国电力科学研究院的 LTSP 程序、美国通用电气公司和日本东京电力公司共同开发的 EXTAB 程序，另外美国 PTI 的 PSS/E 程序、捷克电力公司的 MODES 程序等也具有长过程动态稳定计算功能。

4. 电力系统全过程动态仿真

通过电磁暂态与机电暂态混合仿真，把电力系统分为需要进行电磁暂态仿真的子系统和仅进行机电暂态仿真的子系统，分别进行电磁暂态仿真和机电暂态仿真，在各子系统的交界处进行电磁暂态仿真和机电暂态仿真的交接。在一个仿真程序中，可以在机电暂态仿真中对直流输电系统和含电力电子器件的设备(对机电暂态过程有重要影响的系统或设备)的快速暂态过程和非线性特性进行电磁暂态模拟，提高机电暂态程序的仿真精度；同时，进一步将电力系统的机电暂态过程与中长期动态过程有机地统一起来进行仿真，从而实现电力系统电磁暂态、机电暂态和中长期动态全过程的统一仿真。

我国目前常见的是中国电力科学研究院开发的 PSD 电力系统全过程仿真程序，通过每年调度系统的年度方式计算和多次电网故障反演，全过程仿真程序具备了建模速度快、不改变电网的机电暂态特性和局部系统精细化的仿真能力，具有较强的实用性。

1.2.2 电力系统实时仿真技术

1. 电力系统实时仿真技术的发展过程

电力系统实时仿真系统大约经历了以下三个历史阶段，主要有下面三种类型。

第一类：基于相似理论的以实际旋转电机为代表的电力系统动态模拟仿真系统，即动模仿真，是最早用来进行电力系统机电暂态以及动态过程研究的实时仿真工具，通常由若干台按比例缩小的电机、一定数量的Π形线路模型、电源、负荷、开关模型以及相应的监测和控制系统组成。

这些装置的主要优点是直观明了、物理意义明确。它们在电力系统的发展中曾发挥重要的作用，今后仍将发挥一定的作用。其缺点是设备昂贵、占地面积大、可模拟的电力系统规模受制于装置自身的规模和元件的物理特性，装置的可扩展性和兼容性差，也难以大量推广。

第二类：数模混合式实时仿真系统。数模混合式实时仿真系统中，除电机、动态负荷等旋转元件用数字元件模拟外，其余元件基本上与动模仿真采用的元件一致。但较之早期的动模仿真，其使用的灵活性和对电力系统的研究范围都有了很大提高，对电力系统的实时仿真范围已经可以覆盖电力系统受扰动后的电磁暂态过程、机电暂态过程和中长期动态过程。

中国电力科学研究院于1996年从加拿大TEQSIM公司引进的数模混合式电力系统实时仿真系统就属于这类成熟产品，可以仿真电力系统受扰动后的全过程，即同时兼有暂态网络分析仪(transient network analyzer，TNA)和动模两者的功能。

数模混合式实时仿真系统的最大优点就是其数值稳定性好，仿真规模取决于硬件规模。在数模混合式实时仿真系统中，由于线路、变压器等元件皆为模拟元件，通过这些模拟元件，发电机等数字元件相互间完全解耦，因此只要发电机等数字元件本身无数值不稳定问题，则整个仿真系统就不会因为数值算法产生数值振荡。

虽然在发电机和负荷方面采用扩展性强的数字元件模型，但是由于其主要部分仍是基于相似理论的物理模型，数模混合式实时仿真系统仍然具有动模仿真的缺点，即设备昂贵、占地面积大、规模受限、装置的可扩展性和兼容性差，难以大量推广。

第三类：全数字实时仿真系统。尽管电力系统动模仿真系统和数模混合式实时仿真系统在电力系统的实时研究领域发挥着重要的作用，但由于其建模的周期长，重复性差等，人们一直没有放弃对全数字实时仿真系统的探索工作。

在20世纪90年代初，随着商业化高速数字信号处理器(DSP)的问世，加拿大马尼托巴直流研究中心率先推出了国际上第一台电力系统RTDS。继RTDS后，法国电力公司、加拿大魁北克的TEQSIM等公司也相继进行了全数字实时仿真系统的开发和研制工作。

所有的全数字实时仿真系统，无论其采用什么样的硬件平台，其共同特点都是基于多处理器(CPU)并行处理技术，由系统仿真时装载到该处理器的软件来决定该处理器模拟什么电力系统元件，因此，在时间步长和I/O(输入/输出)设备的频宽满足要求的情况下，系统的一次元件模型只取决于软件而与硬件无关。这个显著的特点为用户对未来新元件进行仿真提供了充分的发展空间。

但应该注意到，在全数字实时仿真系统中，由于各并行处理器间的通信、数据交换及模型算法等各方面因素的影响，仿真的实时性要求成了限制仿真规模的一个重要问题。

2. 我国电力系统实时仿真的应用与发展

我国电力系统实时仿真的发展历程基本跟随了国际上电力系统实时仿真发展不同阶段的最新技术，基本情况如下。

(1)20世纪60年代初，由苏联援助在中国电力科学研究院建成了我国最大的电力系统动态模拟实验室。

(2)20世纪80年代初，为了对我国正在建设的500kV输电系统进行电磁暂态方面的分析和研究，中国电力科学研究院和武汉高压研究所从美国PTI公司引进了TNA设备。

(3)20世纪80年代中期，为了配合我国葛洲坝—上海直流输电工程的系统调试和工程投运后的事故调查和分析及运行人员的培训，从瑞士BBC公司引进了早期的数模混合式高压直流模拟仿真设备。

(4)1996年，为了对我国正在建设的三峡工程的输配电工程进行实时仿真研究，中国电力科学研究院从加拿大TEQSIM公司引进了先进的数模混合式仿真系统。

(5)从20世纪90年代中期开始，为了满足500kV输电系统继电保护现场调试检验以及大量超/特高压直流系统仿真与运行的需要，中国电力科学研究院、南京电力自动化研究院、南方电网有限责任公司以及一些高校引进了RTDS装置。

(6)21世纪初，中国电力科学研究院完成了国际领先的电力系统全数字实时仿真系统ADPSS的开发。

(7)中国电力科学研究院引入加拿大欧泊实时技术的全数字电力系统实时仿真系统HYPERSIM，具备3000个三相节点、10回直流的实时仿真能力。

3. 典型的全数字实时仿真系统

目前国内外主要的全数字实时仿真设备有四种，即我国的电力系统全数字实时仿真系统 ADPSS、加拿大马尼托巴 RTDS 技术公司的 RTDS、加拿大欧泊实时技术的 HYPERSIM、法国电力公司的 ARENE。

1) ADPSS

ADPSS 采用高性价比、可扩展升级的机群服务器作为硬件，克服了国外采用专有硬件或超级计算机、不易升级扩充的缺点。ADPSS 是世界上首套模拟规模达 1000 台机、10000 条母线的，可同时进行大电网动态仿真和局部电网快速电磁暂态仿真的大型电力系统实时仿真装置，ADPSS 为新的大型装备如 HVDC(高压直流)、FACTS 设备接入电网研究，电力系统事故分析，实际电网背景下的电气控制设备测试，电网运行和规划研究(特别是交直流混合输电大系统安全稳定运行及控制策略研究)等提供了强有力的工具。ADPSS 的软件核心技术为 PSASP 和 EMTP 类电磁暂态仿真算法。

2) RTDS

RTDS 是国际上最早研制出的全数字实时仿真装置，其技术主要依托于加拿大马尼托巴直流研究中心。RTDS 的并行处理器采用 NEC(日本电气股份有限公司)的高速信号处理器和 ADI(亚德诺半导体技术有限公司)的 SHARC AD21062 高速信号处理器，处理器主板及软件均自行开发。这样做的好处是可以充分地利用 DSP 的硬件资源，但在计算机芯片技术飞速发展的今天，这种开发模式不利于硬件的升级换代。RTDS 的仿真核心是 EMTDC，图形界面类似于 PSCAD。

3) HYPERSIM

加拿大欧泊实时技术的技术依托于魁北克水电局的研究所，欧泊实时技术建立了目前世界上最大的数模混合式实时仿真系统。欧泊实时技术在其数模混合式实时仿真技术的基础上，为了适应电力系统实时仿真技术发展的潮流，也于近期开发出了全数字的电力系统实时仿真系统——HYPERSIM。

HYPERSIM 硬件采用基于共享存储器的多 CPU 超级并行处理计算机，如 SGI2000 或多 CPU 的并行计算工作站，主要用于电力系统电磁暂态仿真，仿真的规模可以相当大，也可以用于装置试验。其中基于 SGI3200 服务器的 HYPERSIM 也可用于直流系统动态特性仿真。HYPERSIM 支持 MATLAB 平台开发，仿真核心仍然是 EMTP 类仿真算法。

4) ARENE

ARENE 是法国电力公司研究开发的全数字实时仿真系统，硬件平台为惠普公司的 HP-CONVEX 并行处理计算机，CPU 数量达到 64 个。

ARENE 系统的硬件全部采用市场上能买到的标准组件(如惠普的并行处理计算机、I/O 接口板等)，法国电力公司只研究用于实时仿真电力系统的算法及相关软件。同时该实时仿真系统还提供了基于 C 语言的用户自定义功能，使用该功能，用户可以自己定义新的元件模型。ARENE 的软件核心也是 EMTP 类仿真算法。

1.2.3 实时仿真技术与离线仿真技术选择

就目前的技术水平而言，电力系统实时仿真系统的特点是模拟电力系统实时过程，能够统一模拟电力系统的电磁暂态过程、机电暂态过程以及后续的动态过程，能够接入实际的物理装置进行模拟试验，主要适用于进行大电力系统的主干网络和局部系统的暂态和动态过程的详细研究，以及物理装置的试验研究；但由于仿真实时性的要求和仿真系统硬件规模的限制，一般实时仿真系统所能够模拟的电力系统规模总是有限的。

电力系统离线仿真的规模基本不受限制，能够较完整地模拟大规模电力系统，适用于研究大电力系统复杂的暂态和动态过程。但离线计算程序不能接入实际的物理装置进行仿真，对于新型电力系统物理装置的模拟需要准确的数学模型，而数学模型的获得除理论分析外，还需要仿真试验来验证。

因此，电力系统实时数字仿真系统和离线计算程序是相辅相成的，两者还不能相互替代，需要根据仿真目标的规模以及是否接入实际物理设备的要求来进行选择。

1.3 电力系统仿真技术的发展与挑战

随着以新能源为主体的新型电力系统的发展，新能源发电的比例快速增长，大容量特高压直流输电工程不断增加，以及灵活交流输电等电力电子设备不断涌现并投入实际电力系统运行，给电力系统的动态运行特性带来了深刻的影响，对于电力系统仿真分析，大量电力电子设备在电磁暂态过程中的动作行为，可能会导致后续机电暂态过程中完全不同的结果，给传统的电力系统仿真分析方法和手段带来了严峻的挑战。

直流输电、新能源发电、FACTS 等电力电子快速动作元件，加上传统发电机的慢速元件，导致现代电力系统出现了微秒级、秒级、分钟级等多个不同的时间尺度，刚性特征更加明显，电力系统微秒级和毫秒级的电磁暂态过程、毫秒级和秒级的机电暂态过程以及分钟级及以上的中长期动态过程之间的耦合程度越来越高，相互影响也越来越大，传统的将电磁暂态过程和机电暂态过程两个过程完全割裂、各自计算的电力系统仿真方法已经显得无法适应发展的形势，主要表现在：①电力电子设备的开关动作过程时时刻刻都在发生，电网扰动引起的微秒级开关动作过程和电磁过程无法忽略，最典型的现象是电网扰动导致的常规直流发生换相失败，并进一步引起交流系统大功率扰动以及频率/电压的变化；②电力电子设备在电网中大量存在，分布广泛且脆弱，各种过电压和谐振问题已经逐步成为影响电网安全稳定运行的主要因素，只考虑基波、采用周波级步长、忽略了大量过渡过程的机电暂态程序对此类问题显得力不从心，尤其是随着直流电网和分频输电技术的出现，基于交流 50Hz/60Hz 基波的机电暂态程序完全无法完成建模和仿真的任务；③电磁暂态仿真采用微秒级步长，建模精细且复杂，计算量非常大，传统电磁暂态程序面临着建模困难、仿真规模大、数值稳定性差、初始化困难、计算速度慢等问题的多重挑战，很难应用于大规模区域电网的仿真。

以新能源为主体的新型电力系统的发展，使得电力系统的仿真技术必须产生巨大的变革，急需既能够精确仿真电力电子设备的微秒级快速动作过程，同时又能准确反映电网毫秒-秒级动态特性的革命性的大电网仿真技术、仿真程序和仿真平台出现。

电磁暂态仿真基于电压、电流的瞬时值计算，支持工频交流、直流以及宽频仿真，暂态过程模拟更加详细，是研究复杂电力电子设备瞬时动态特性、控制保护策略以及安全稳定规划的重要手段。电磁暂态仿真的基本理论方法都已经比较成熟，通过引入先进计算机技术、改进仿真算法，实现大规模电力系统的全电磁暂态仿真，将是电力系统仿真分析技术的一个重大突破，为以新能源为主体的新型电力系统的科学构建和安全高效运行提供必要的仿真分析工具。

中国电力科学研究院在国家重点研发计划“大型交直流混联电网运行控制与保护”（2016YFB0900600）、国家电网公司科技项目的支持下，针对以新能源为主体的新型电力系统技术特点，开展了电力系统全电磁暂态仿真的建模和算法的研究，完成了全电磁暂态仿真软件 PSModel 的开发，实现了区域级大电网的全电磁暂态仿真，为大规模交直流混联电网的准确仿真奠定了基础。目前正在开展图形化用户界面开发等实用化工作，全面推广全电磁暂态仿真软件，并即将实现整个中国电网超过八万个三相节点的全电磁暂态仿真。本书是相关工作的总结，侧重于工程实用化技术。

参考文献

[1] 刘德贵，费景高. 动力学系统数值仿真算法[M]. 北京：科学出版社，2000.
[2] 肖田元，张燕云，陈加栋. 系统仿真导论[M]. 北京：清华大学出版社，2000.
[3] 刘德贵，费景高，韩天敏. 刚性大系统数字仿真方法[M]. 郑州：河南科学技术出版社，1996.
[4] 熊光楞，沈被娜，宋安澜. 控制系统仿真与模型处理[M]. 北京：科学出版社，1993.
[5] 熊光楞. 数字仿真算法与软件[M]. 北京：宇航出版社，1991.
[6] 周孝信，李汉香，吴中习. 电力系统计算[M]. 北京：水利电力出版社，1988.
[7] 多梅尔. 电力系统电磁暂态计算理论[M]. 李永庄，林集明，曾昭华，译. 北京：水利电力出版社，1991.
[8] 黄家裕，陈礼义，孙德昌. 电力系统数字仿真[M]. 北京：中国电力出版社，1995.
[9] 中国南方电网公司. 交直流电力系统仿真技术[M]. 北京：中国电力出版社，2007.
[10] 汤涌，印永华，周泽昕，等. 电力系统多尺度仿真与试验技术[M]. 北京：中国电力出版社，2013.
[11] 周孝信，田芳，李亚楼，等. 电力系统并行计算与数字仿真[M]. 北京：清华大学出版社，2014.

第 2 章　电力系统常规设备数学模型

现代电力系统是人类迄今为止发展出的包含大量交流电网设备和电力电子器件的规模最庞大、运行最复杂的人造系统，本章将重点介绍电力系统同步发电机、输电线路、变压器以及负荷四大交流系统设备，电力电子设备将在后面章节中介绍。

2.1　同步发电机

目前，同步发电机仍然是现代电力系统的核心，承担着主要能源供给、稳定电网频率和电压、提供转动惯量的重要作用，其动态数学模型是研究电力系统动态行为的基础。同步发电机的数学模型基本上以帕克的工作为基础[1,2]。在帕克之后提出的数学模型只是在以下方面有所不同：模拟转子时采用的等值绕组的数目、用暂态和次暂态参数表示同步发电机时所采用的假设以及磁路饱和效应的处理方法等方面。

本章将着重介绍同步发电机的电气部分的模型，为了仿真工程中常遇到的同步发电机次同步振荡问题，同时需要对同步发电机的机械部分详细建模，至于同步发电机的励磁、电力系统稳定器(power system stabilizer，PSS)以及原动机及其控制系统，电磁暂态仿真基本与机电暂态仿真差距不大，限于篇幅，不在这里介绍。

2.1.1　同步发电机电气部分模型

图 2.1 为同步发电机的结构示意图和等值电路图[3]。图中，θ 为转子角，ω_{r} 为

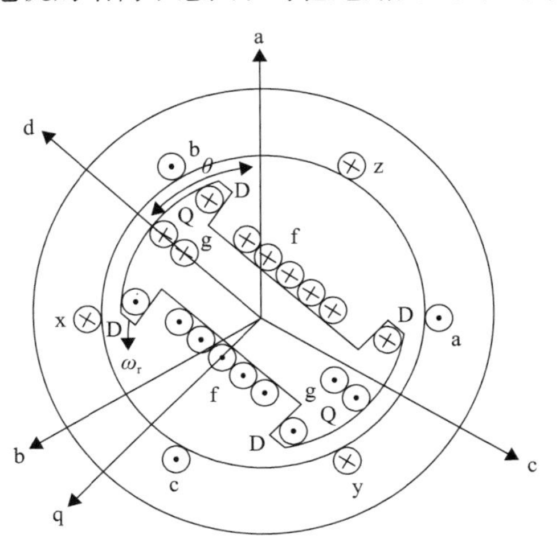

(a) 同步发电机结构示意图

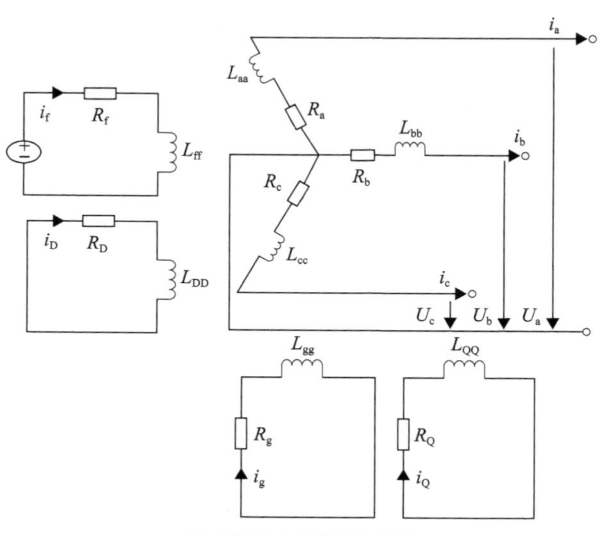

(b) 同步发电机等值电路图

图 2.1　同步发电机结构示意图和等值电路图

转子角速度；i_f、R_f、L_{ff}分别为转子励磁绕组电流、转子励磁绕组电阻、转子励磁绕组自感；L_{aa}、L_{bb}、L_{cc}分别为 a、b、c 相绕组的自感；R_a、R_b、R_c分别为 a、b、c 相绕组的定子电阻；U_a、U_b、U_c分别为 a、b、c 相电压；i_a、i_b、i_c分别为 a、b、c 相绕组电流；i_D、R_D、L_{DD}分别为 D 阻尼绕组电流、D 阻尼绕组电阻、D 阻尼绕组自感；i_Q、R_Q、L_{QQ}分别为 Q 阻尼绕组电流、Q 阻尼绕组电阻、Q 阻尼绕组自感；i_g、R_g、L_{gg}分别为凸极机附加阻尼绕组的电流、凸极机附加阻尼绕组的电阻、凸极机附加阻尼绕组的自感。一般地，考虑转子为凸极并具有 D、g、Q 三个阻尼绕组，而隐极电机或转子仅有 D、Q 阻尼绕组时分别处理为它的特殊情况。

对于同步发电机，当转子的位置不同时，定子三相绕组的磁阻不同，随着转子的转动周期性变化，因此基于 abc 三相的同步发电机模型中，定子自感、互感以及定子与转子绕组的互感都会发生周期性变化，这种变化的矩阵对于仿真中同步发电机方程的求解产生很大的不利。

帕克提出的 DQ 轴模型，是将发电机模型转换为 dq0 坐标系下的模型，这样可以使发电机方程式中的系数矩阵保持为固定的数值，便于后续计算。

变换为 dq0 坐标系需要的变换矩阵 $\boldsymbol{P}$ 见式(2.1)，也有其他形式，采用不同的变换矩阵，后续的形式会有一定的差异。

$$\boldsymbol{P}=\frac{2}{3}\begin{bmatrix}\cos\theta & \cos(\theta-2\pi/3) & \cos(\theta+2\pi/3)\\ -\sin\theta & -\sin(\theta-2\pi/3) & -\sin(\theta+2\pi/3)\\ 1/2 & 1/2 & 1/2\end{bmatrix}\tag{2.1}$$

式中，$\theta=\alpha+\omega_r t$，α 为 d 轴超前 a 相的角度，因此 θ 是随着时间周期变化的。反帕克变换的矩阵为式(2.2)：

$$\boldsymbol{P}^{-1}=\begin{bmatrix}\cos\theta & -\sin\theta & 1\\ \cos(\theta-2\pi/3) & -\sin(\theta-2\pi/3) & 1\\ \cos(\theta+2\pi/3) & -\sin(\theta+2\pi/3) & 1\end{bmatrix} \tag{2.2}$$

通过帕克变换，磁链方程可以表示为 dq0 坐标系下的形式：

$$\begin{bmatrix}\psi_d\\ \psi_q\\ \psi_0\\ \psi_f\\ \psi_D\\ \psi_g\\ \psi_Q\end{bmatrix}=\begin{bmatrix}L_d & 0 & 0 & m_{af} & m_{aD} & 0 & 0\\ 0 & L_q & 0 & 0 & 0 & m_{ag} & m_{aQ}\\ 0 & 0 & L_0 & 0 & 0 & 0 & 0\\ \frac{3}{2}m_{af} & 0 & 0 & L_{ff} & M_{fD} & 0 & 0\\ \frac{3}{2}m_{aD} & 0 & 0 & M_{fD} & L_{DD} & 0 & 0\\ 0 & \frac{3}{2}m_{ag} & 0 & 0 & 0 & L_{gg} & M_{gQ}\\ 0 & \frac{3}{2}m_{aQ} & 0 & 0 & 0 & M_{gQ} & L_{QQ}\end{bmatrix}\begin{bmatrix}-i_d\\ -i_q\\ -i_0\\ -i_f\\ i_D\\ i_g\\ i_Q\end{bmatrix} \tag{2.3}$$

式中，下标 d、q、0 表示 d、q、0 绕组；ψ 表示磁链；i 表示绕组电流；等号右边第一个矩阵中的元素为与各绕组自感及绕组间互感相关的系数。

可以看到式(2.3)中，将以自感系数和互感系数为元素的电感系数矩阵转换为常数矩阵[4,5]，非常有利于同步发电机微分代数方程式的求解。

而同步发电机的整个电压、电流也转换为 dq0 坐标系下的方程：

$$\begin{bmatrix}u_d\\ u_q\\ u_0\\ u_f\\ 0\\ 0\\ 0\end{bmatrix}=\begin{bmatrix}R_a & & & & & & \\ & R_a & & & & & \\ & & R_a & & & & \\ & & & R_f & & & \\ & & & & R_D & & \\ & & & & & R_g & \\ & & & & & & R_Q\end{bmatrix}\begin{bmatrix}-i_d\\ -i_q\\ -i_0\\ i_f\\ i_D\\ i_g\\ i_Q\end{bmatrix}+\begin{bmatrix}\psi_d\\ \psi_q\\ \psi_0\\ \psi_f\\ \psi_D\\ \psi_g\\ \psi_Q\end{bmatrix}-\begin{bmatrix}\omega_r\psi_d\\ -\omega_r\psi_d\\ 0\\ 0\\ 0\\ 0\\ 0\end{bmatrix} \tag{2.4}$$

文献[6]在 1998 年提出了同步发电机的 VBR(voltage behind reactance)模型，该模型本质是定子状态变量采用绕组电流、转子采用绕组磁链，其推导过程是建立 dq0 坐标系下以定子电流为状态变量的发电机方程，进一步考虑发电机数学模型与网络方程联立求解[7,8]。这样做的目的是通过联立求解把同步发电机一部分电路放到电网导纳矩阵中，提高同步发电机计算的稳定性，进一步通过加大仿真步长提高仿真速度，同时带来的不利之处是引入时变电感导致网络导纳矩阵的时变性，基于节点导纳矩阵的电磁暂态算法每一步计算都需要重新对导纳矩阵进行三角分解。

2.1.2 同步发电机机械部分模型

发电机模型除了电气部分，还有转子机械部分的运动方程。机械部分需要考虑多质量块模型，单质量块模型是多质量块模型的特例。

假定有 n 个质量块，对应的机械部分的微分方程式如下：

$$\begin{cases} \boldsymbol{J}\dfrac{\mathrm{d}\boldsymbol{\omega}}{\mathrm{d}t}+\boldsymbol{D}\boldsymbol{\omega}+\boldsymbol{K}\boldsymbol{\beta}=\boldsymbol{T}_{\mathrm{M}}-\boldsymbol{T}_{\mathrm{E}} \\ \dfrac{\mathrm{d}\boldsymbol{\beta}}{\mathrm{d}t}=\boldsymbol{\omega} \end{cases} \tag{2.5}$$

式中，$\boldsymbol{J}$ 为各质量块转动惯量组成的对角阵；$\boldsymbol{\omega}$ 为各质量块的角速度列向量；$\boldsymbol{D}$ 为阻尼系数构成的矩阵，$\boldsymbol{D}\boldsymbol{\omega}$ 反映了汽轮机叶片和蒸汽之间的摩擦力矩以及相邻质量块之间以不同转速旋转时产生的阻尼转矩；$\boldsymbol{\beta}$ 为各质量块的角位移列向量；$\boldsymbol{K}$ 为弹性系数构成的矩阵，$\boldsymbol{K}\boldsymbol{\beta}$ 反映了相邻质量块之间弹性作用产生的扭矩与相互之间的角度差成正比；$\boldsymbol{T}_{\mathrm{M}}$ 为各质量块的机械转矩列向量；$\boldsymbol{T}_{\mathrm{E}}$ 为电磁转矩列向量。

对于一个极对数为 $p/2$ 的同步发电机，其电气量和机械量之间的关系如式(2.6)所示：

$$\begin{aligned} J_{\mathrm{e}}&=\frac{J_{\mathrm{mech}}}{(p/2)^2} \\ D_{\mathrm{e}}&=\frac{D_{\mathrm{mech}}}{(p/2)^2} \\ \omega_{\mathrm{e}}&=\frac{p}{2}\omega_{\mathrm{mech}} \\ \beta_{\mathrm{e}}&=\frac{p}{2}\beta_{\mathrm{mech}} \end{aligned} \tag{2.6}$$

式中，J_{e} 为电磁转动惯量；D_{e} 为电磁阻尼系数；ω_{e} 为电磁角速度；β_{e} 为各质量块的电磁角位移；J_{mech} 为机械转动惯量；D_{mech} 为机械阻尼系数；ω_{mech} 为机械

角速度；β_{mech}为各质量块的机械角位移。

而同步发电机转子动能E_{gen}、发电机的基准容量S_{gen}和转动惯量J、转子的机械惯性时间常数$h=T_{\mathrm{j}}/2$（T_{j}为发电机惯性时间常数）存在下面的关系式：

$$\begin{cases} E_{\mathrm{gen}}=\dfrac{1}{2}J_{\mathrm{mech}}\omega_{\mathrm{mech}}^2=\dfrac{1}{2}J_{\mathrm{e}}\omega_{\mathrm{e}}^2 \\ E_{\mathrm{gen}}=hS_{\mathrm{gen}}=\dfrac{T_{\mathrm{j}}}{2}S_{\mathrm{gen}} \end{cases} \tag{2.7}$$

2.2 输 电 线 路

输电线路作为电力系统中一种不可或缺而又数量众多的元件，其数学模型对于电力系统电磁暂态计算有着重要的影响。

输电线路的参数具有分布特性和频变特性。分布特性是指输电线路的参数（电阻、电感、电导和电容）连续地分布在输电线路的各个位置，不能直接集中于某一点；频变特性是指在交变电流的作用下，导线和大地中会出现集肤效应，导致输电线路参数成为频率的函数[9]。

下面介绍几种典型的输电线路模型。

2.2.1 集中参数模型

集中参数模型，就是将线路参数简单地集中在一处，最常见的是Π形线路，如图2.2所示，若线路长度为l，每单位长度的电阻、电感、电导和电容分别为R_0、L_0、G_0和C_0，则图中的集中参数Π形模型的参数分别为$R=R_0\cdot l$、$L=L_0\cdot l$、$G=G_0\cdot l$、$C=C_0\cdot l$。

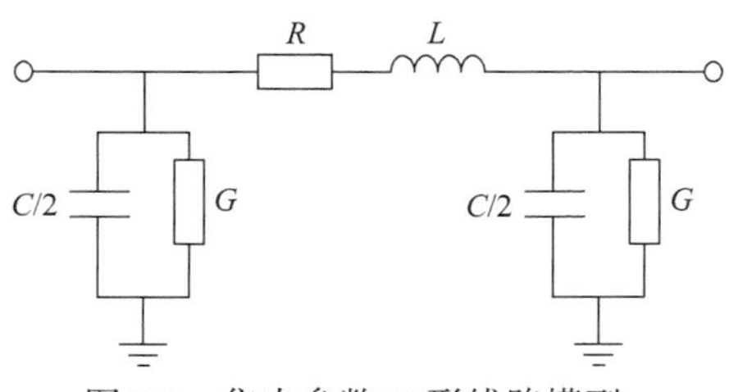

图2.2　集中参数Π形线路模型

当采用物理模拟时，输电线路参数的分布特性常常采用多个集中参数模型级联的方式来模拟。数字仿真计算时，有时候也采用这种方法来模拟较短的输电线路。

2.2.2 Bergeron模型与Dommel模型

波动方程是建立输电线路分布特性的数学模型的基础，假设输电线路参数是不随频率变化的常数，每单位长度的电阻、电感、电导和电容分别为R_0、L_0、G_0和C_0，时域波动方程具有以下的形式：

$$\begin{cases}-\dfrac{\partial u(x,t)}{\partial x}=R_0 i(x,t)+L_0\dfrac{\partial i(x,t)}{\partial t}\\ -\dfrac{\partial i(x,t)}{\partial x}=G_0 u(x,t)+C_0\dfrac{\partial u(x,t)}{\partial t}\end{cases} \tag{2.8}$$

式中，$u(x,t)$ 和 $i(x,t)$ 为时域上的电压和电流。

Bergeron（贝吉龙）模型[10]基于上述波动方程，是不考虑参数频变特性的分布参数输电线路模型，只适用于无损输电线路，即认为线路的电阻和电导均为 0，如图 2.3(a)所示的单相无损输电线路长度为 l，若线路首端 k 和末端 m 的电压和电流分别为 $u_{\mathrm{k}}(t)$、$u_{\mathrm{m}}(t)$、$i_{\mathrm{k}}(t)$ 和 $i_{\mathrm{m}}(t)$，其 Bergeron 模型相应的等值电路如图 2.3(b)所示。

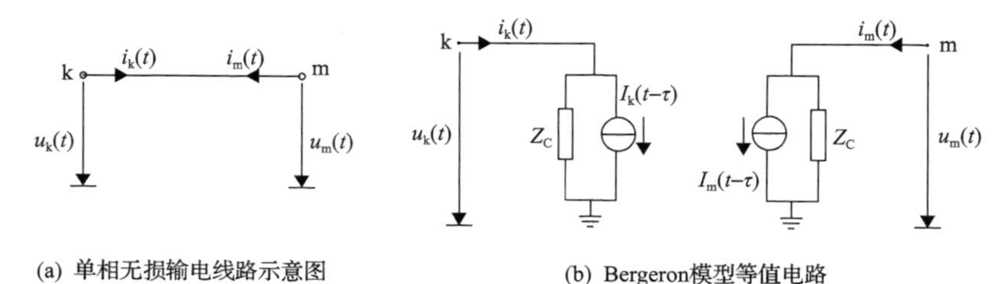

图 2.3 Bergeron 线路模型

用方程式描述为

$$\begin{cases}i_{\mathrm{k}}(t)=\dfrac{1}{Z_{\mathrm{C}}}u_{\mathrm{k}}(t)+I_{\mathrm{k}}(t-\tau)\\ i_{\mathrm{m}}(t)=\dfrac{1}{Z_{\mathrm{C}}}u_{\mathrm{m}}(t)+I_{\mathrm{m}}(t-\tau)\end{cases} \tag{2.9}$$

式中，$Z_{\mathrm{C}}=\sqrt{L_0/C_0}$ 为单相无损输电线路的特征阻抗；$\tau=l/v$ 为传播时间，其中波速 $v=1/\sqrt{L_0C_0}$；$I_{\mathrm{k}}(t-\tau)$、$I_{\mathrm{m}}(t-\tau)$ 均为历史电流源，可分别用式(2.10)和式(2.11)计算：

$$I_{\mathrm{k}}(t-\tau)=-\frac{1}{Z_{\mathrm{C}}}u_{\mathrm{m}}(t-\tau)-i_{\mathrm{m}}(t-\tau) \tag{2.10}$$

$$I_{\mathrm{m}}(t-\tau)=-\frac{1}{Z_{\mathrm{C}}}u_{\mathrm{k}}(t-\tau)-i_{\mathrm{k}}(t-\tau) \tag{2.11}$$

Bergeron 模型将输电线路两端解耦，每端用一个电阻和一个历史电流源并联的形式表示，一端在某个时刻 t 的计算只与该端的节点电压以及另一端在 $t-\tau$ 时刻的历史值有关，如果线路的传播时间 τ 大于仿真步长，那么就可以将两端计算独立，实现电磁暂态网络分割与并行。

一般工程中，通常电晕损耗和泄漏电流很小，因此线路的电导可以略去，但线路的电阻不能忽视。Dommel(多梅尔)模型是在应用 Bergeron 模型得到单相无损输电线路模型的基础上，用分段串联接入集中电阻的方法来近似地考虑线路电阻的影响。

如图 2.4 所示，Dommel 模型的基本思路是把输电线路平均分成两段长为 $l/2$ 的无损线路，并用 Bergeron 模型等效，再将全线总电阻 $R=R_0\cdot l$ 集中分接在三处：两端各串联接入 $R/4$，中间串联接入 $R/2$。类似于 Bergeron 模型等效电路的拓扑结构，最终得到的 Dommel 模型等效电路如图 2.4(c)所示，其中 $Z=Z_C+R/4$ 为等值电阻。

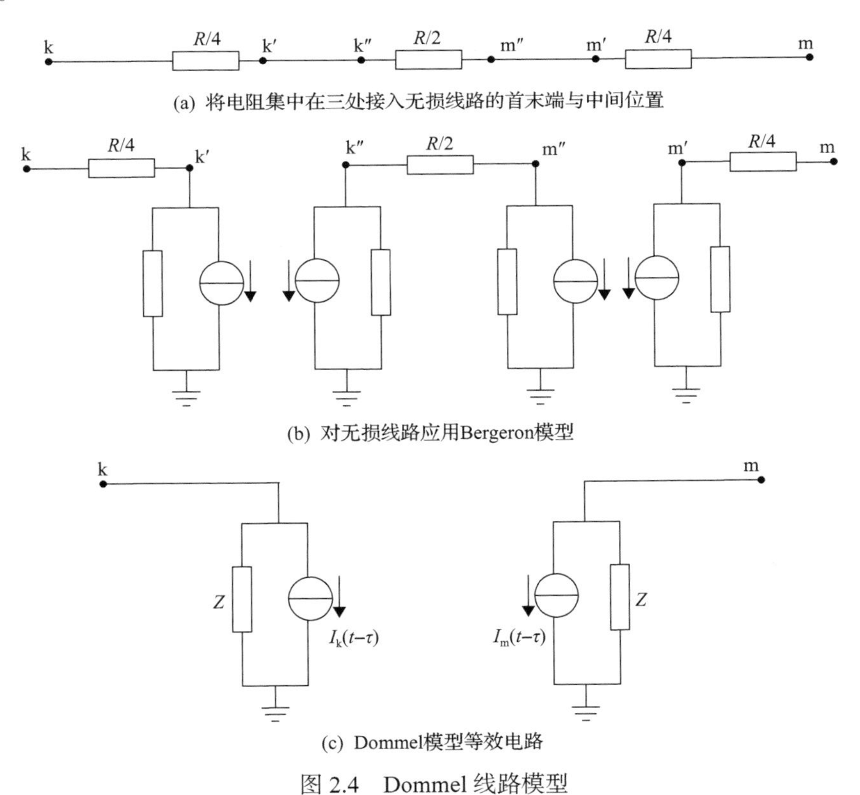

图 2.4　Dommel 线路模型

Dommel 模型保持了 Bergeron 模型的分布特性，同样也适用于对电磁暂态网络进行分割与并行计算，也是一种不考虑参数频变效应的分布参数模型。

2.2.3　考虑参数频变效应的线路模型

考虑参数频变效应的分布参数输电线路模型主要有 Marti（马蒂）模型和 Noda 模型，由于推导过程和实现过程都非常复杂，本书只做简单的介绍，具体的推导过程参见文献[11]～[16]。

假设输电线路单位长度的电阻、电感、电导和电容分别为 $R(\omega)$、$L(\omega)$、G、C，其中 ω 为正弦波角频率，线路长度为 l。Marti 模型首先对输电线路的特征阻抗与权函数在频域进行了有理函数拟合。

特征阻抗 $Z_{\mathrm{C}}(\omega)$ 定义为

$$Z_{\mathrm{C}}(\omega)=\sqrt{\frac{R(\omega)+\mathrm{j}\omega L(\omega)}{G+\mathrm{j}\omega C}} \tag{2.12}$$

权函数 $A(\omega)$ 定义为

$$A(\omega)=\mathrm{e}^{-\gamma(\omega)l} \tag{2.13}$$

式中，$\gamma(\omega)=\sqrt{\left[R(\omega)+\mathrm{j}\omega L(\omega)\right]\cdot(G+\mathrm{j}\omega C)}$ 为传播常数。

在频域用有理函数 $A_1(\omega)$ 来拟合权函数 $A(\omega)$：

$$A_1(\omega)=k_0'+\frac{k_1'}{\mathrm{j}\omega+\beta_1}+\frac{k_2'}{\mathrm{j}\omega+\beta_2}+\cdots+\frac{k_m'}{\mathrm{j}\omega+\beta_m} \tag{2.14}$$

式中，$k_1',k_2',\cdots,k_m'$ 为系数；$\beta_1,\beta_2,\cdots,\beta_m$ 为有理函数拟合项。

完成函数拟合后，线路计算中的导纳和历史电流可以表达为距离、时间和频率的函数。

Marti 模型的关键步骤之一是对特征阻抗 $Z_{\mathrm{C}}(\omega)$ 和有理函数 $A_1(\omega)$ 在频域进行有理函数拟合。Marti 模型中采用的拟合方法称为 Bode（伯德）渐近线拟合法，即在频域的对数坐标系下，逐一检验被拟合值，其中对数幅频特性的斜率用分贝/十倍频（dB/dec）表示，当被拟合值大于拟合函数的设定阈值范围时，增加零点使渐近线的斜率增加 20dB/dec，当被拟合值小于拟合函数的设定阈值范围时，增加极点使渐近线的斜率减小 20dB/dec，当完成全部点的检验后，即得到了拟合的有理函数。Bode 渐近线拟合法要求全部零极点都在复频域的左半平面并且为实数，且为单零点或单极点，使得拟合的有理函数式满足最小相移函数的条件。由于最小相移函数的相频特性由幅值特性唯一确定，因此只需拟合幅值函数而无须拟合相频函数。

有理函数拟合的精度直接影响模型的精度，而有理函数的阶数将直接影响每一时步计算时的计算量和存储量，Marti 提出使用固定零极点数的方法使拟合有理函数降阶，能够在每一时步迭代时大大减小传统 Bode 渐近线拟合法的计算量，然而其缺点是必须由用户指定拟合的零极点阶数，且精度不够高。

Marti 模型是针对单相线路建立的，对于多相输电线路，需要使用相模变换矩阵，使相域上有耦合的多相输电线路解耦成模域上的多条彼此间没有耦合的单相输电线路，然后分别用 Marti 模型求解，最后用相模反变换矩阵变回相域与系统相连。因此 Marti 模型也被称为“模域模型”。但是当考虑参数的频变效应时，相模变换矩阵一般是与频率相关的复数矩阵。若线路具有对称结构，则可以找到与频率无关的实常数变换矩阵，但是对于不对称或不换位线路而言，Marti 模型采用了实变换矩阵的简化假设，因此在处理此类线路时可能存在精度问题。

Noda 模型[16]与 Marti 模型一样使用了有理函数来进行拟合，而与 Marti 模型不同的是，Noda 模型没有相模变换的过程，避免了使用相模变换矩阵，因此也被称为“相域模型”。

2.2.4　各种线路模型的优缺点

集中参数模型的优点为不受计算步长的影响，也不受参数矩阵是否平衡的限制。但是集中参数模型没有考虑输电线路参数的分布特性，将线路参数简单进行集中处理，只适用于稳态计算和机电暂态的准稳态计算，在电磁暂态计算领域，还未有理论能证明这种方法的严密性。另外，若用多个级联的集中参数等效电路，则计算效率很低，模拟一条输电线就需要使用很多节点，并且级联的集中参数模型容易引起虚假振荡。

分布参数模型的共同优点是考虑了线路参数的分布特性，共同缺点是受计算步长的限制，对于短线路无法直接使用[17]。

常参数的 Bergeron 模型和 Dommel 模型未考虑参数的频变效应。Bergeron 模型不能考虑线路损耗的影响，因此会使仿真结果趋于保守，一般不采用。Dommel 模型进一步考虑了线路电阻的影响，但是不能良好地表示电阻的分布特性，因此在对精度不太高时可以采用。

Marti 模型和 Noda 模型在理论上较为严密，同时考虑了线路参数的分布特性和频变特性。Marti 模型计算稳定性好，但是面对不对称线路时存在精度问题。Noda 模型理论上适用于各种结构的输电线路，但是其计算量大、稳定性不好[18]，因此不适合直接用于大规模电磁暂态计算。

表 2.1 列出了目前常用的几种输电线路模型相应的优缺点。

表 2.1　常用的几种输电线路模型优缺点

模型名称			优点	缺点
集中参数模型			不受计算步长限制； 不受线路结构限制	理论上不严密； 采用多段 π 形线路模型时计算量大，易引发数值振荡
分布参数模型	常参数模型	Bergeron 模型	考虑了电感、电容参数的分布特性	没有考虑线路损耗； 没有考虑线路参数频变特性； 受计算步长限制
		Dommel 模型	考虑了电感、电容参数的分布特性； 一定程度上考虑了线路损耗的影响	无法良好地表示电阻的分布特性； 没有考虑线路参数频变特性； 受计算步长限制
	频变参数模型	Marti 模型	考虑了线路参数的分布特性和频变特性； 计算稳定性好	处理不对称线路时有精度问题； 受计算步长限制
		Noda 模型	考虑了线路参数的分布特性和频变特性； 不受线路结构限制	计算量大、稳定性欠佳； 受计算步长限制

2.2.5　多相输电线路的等效电路

Bergeron 模型、Dommel 模型和 Marti 模型的等效电路都是针对单相输电线路建立的。实际工程应用中，有许多多相输电线路，这些线路彼此之间有耦合关系。因此，需要进一步考虑多相输电线路的模型。

多相输电线路建模的基本思想是将 n 相输电线路经相模变换矩阵变为 n 相彼此无耦合关系的模域上的输电线路，在模域对每相分别应用单相输电线路电磁暂态模型求解，最后反变换回相域上的解。

设 $\boldsymbol{T}_{\mathrm{u}}$、$\boldsymbol{T}_{\mathrm{i}}$ 分别为多相线路相量与模量的电压、电流变换矩阵，它们都是 n 阶非奇异方阵，即

$$\begin{cases}\boldsymbol{u}(t)=\boldsymbol{T}_{\mathrm{u}}\boldsymbol{u}_{\mathrm{M}}(t)\\ \boldsymbol{i}(t)=\boldsymbol{T}_{\mathrm{i}}\boldsymbol{i}_{\mathrm{M}}(t)\end{cases}\tag{2.15}$$

式中，$\boldsymbol{u}_{\mathrm{M}}(t)$ 为电压模量；$\boldsymbol{i}_{\mathrm{M}}(t)$ 为电流模量。

对于三相对称线路，$\boldsymbol{T}=\boldsymbol{T}_{\mathrm{u}}=\boldsymbol{T}_{\mathrm{i}}$，常取以下两种固定的变换矩阵。

1) Clark（克拉克）变换

变换矩阵为

$$\boldsymbol{T}=\begin{bmatrix}1&1&1\\1&-2&0\\1&1&-1\end{bmatrix},\quad \boldsymbol{T}^{-1}=\frac{1}{6}\begin{bmatrix}2&2&2\\1&-2&1\\3&0&-3\end{bmatrix}\tag{2.16}$$

2) Karrenbauer 变换

实际计算中最为普遍采用的变换矩阵为

$$\boldsymbol{T}=\begin{bmatrix}1 & 1 & 1\\ 1 & -2 & 1\\ 1 & 1 & -2\end{bmatrix},\quad \boldsymbol{T}^{-1}=\frac{1}{3}\begin{bmatrix}1 & 1 & 1\\ 1 & -1 & 0\\ 1 & 0 & -1\end{bmatrix} \tag{2.17}$$

对于不对称线路，电压变换矩阵 $\boldsymbol{T}_{\mathrm{u}}$ 和电流变换矩阵 $\boldsymbol{T}_{\mathrm{i}}$ 一般不同，并且不能使用对称情况下的固定变换矩阵，此时变换矩阵与线路具体参数有关系，只能根据给定的线路参数来计算确定相模变换矩阵。

2.3 变　压　器

电力变压器的构造种类很多，如单相双绕组、单相三绕组、三相两绕组、三相三绕组、自耦变压器等，适用于电力系统仿真的数学建模方法目前有经典变压器模型(矩阵模型)[19]、基于受控源表示的变压器模型[20]、统一磁等效电路(unified magnetic equivalent circuit，UMEC)模型[21]等几大类，考虑的角度和模型结构特点各有不同，这些模型都得到了一定程度的应用，限于篇幅，这里将简单介绍全电磁暂态仿真中应用最广泛的经典变压器模型。

2.3.1 双绕组变压器模型

以单相双绕组变压器为例，其模型如图 2.5 所示。

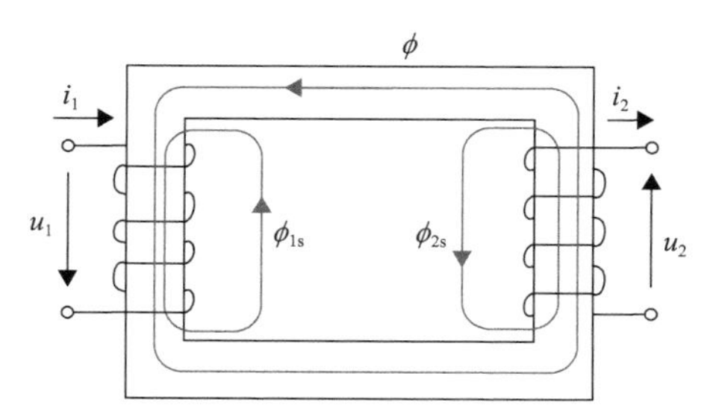

图 2.5　单相双绕组变压器结构示意图

图 2.5 中，ϕ 为总的磁通，$\phi_{1\mathrm{s}}$ 和 $\phi_{2\mathrm{s}}$ 为绕组 1 和绕组 2 的漏磁通；u_1 和 u_2 为绕组 1、2 的电压；i_1 和 i_2 为绕组 1、2 的电流。

变压器电压方程可以写为

$$\begin{bmatrix}u_1\\ u_2\end{bmatrix}=\begin{bmatrix}r_1 & \\ & r_2\end{bmatrix}\begin{bmatrix}i_1\\ i_2\end{bmatrix}+\begin{bmatrix}L_{11} & M\\ M & L_{22}\end{bmatrix}\frac{\mathrm{d}}{\mathrm{d}t}\begin{bmatrix}i_1\\ i_2\end{bmatrix} \tag{2.18}$$

式中，r_1、r_2 分别为变压器绕组 1、2 的电阻；L_{11}、L_{22} 分别为绕组 1、2 的自感；M 为绕组 1、2 之间的互感。

如果变压器的绕组匝数比为 $k = N_1/N_2$，并令 $u_{2*} = ku_2$，$i_{2*} = i_2/k$，式(2.18)可以转换为标幺值下的方程：

$$\begin{bmatrix} u_{1*} \\ u_{2*} \end{bmatrix} = \begin{bmatrix} r_{1*} & \\ & r_{2*} \end{bmatrix} \begin{bmatrix} i_{1*} \\ i_{2*} \end{bmatrix} + \begin{bmatrix} L_{11*} & M_* \\ M_* & L_{22*} \end{bmatrix} \frac{\mathrm{d}}{\mathrm{d}t} \begin{bmatrix} i_{1*} \\ i_{2*} \end{bmatrix} \tag{2.19}$$

式中

$$\begin{cases} L_{11*} = L_{s1*} + M_* \\ L_{22*} = L_{s2*} + M_* \end{cases} \tag{2.20}$$

对应的电路图如图 2.6 所示。

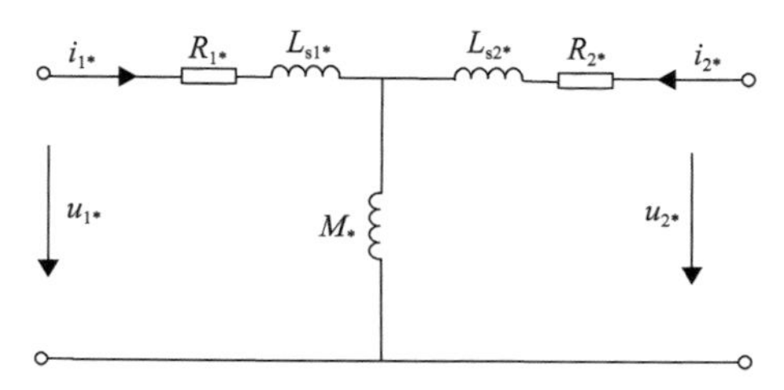

图 2.6　标幺值下变压器 T 形等值电路

该数学模型在使用上存在两个困难：第一个困难是无法通过变压器试验得到电感矩阵；第二个困难是根据所采用的数值积分方法进行差分化时需要用到电感矩阵的逆矩阵。

由于绕组的自感为其漏感与互感之和，而漏感远远小于互感，意味着电感矩阵接近奇异，这将使数值计算的精度大大降低。为了解决这个问题，可以将励磁支路移到任意一端，近似用Γ形电路得到电感矩阵：如果令两端平均分配变压器短路电抗，那么 $L_{s1*}=L_{s2*}=L_{leak}/2$，其中 L_{leak} 为漏感，可通过变压器短路试验得到；而励磁支路的激磁电感标幺值 M_* 等于励磁电流标幺值的倒数。

2.3.2　三绕组变压器模型

单相三绕组变压器的数学模型可以比照单相双绕组变压器数学模型进行推导，得到星形等值电路，如图 2.7 所示。

变压器的电压电流关系可描述为

$$\begin{bmatrix} u_{1*} \\ u_{2*} \\ u_{3*} \end{bmatrix} = \begin{bmatrix} R_{1N*} & & \\ & R_{2N*} & \\ & & R_{3N*} \end{bmatrix} \begin{bmatrix} i_{1*} \\ i_{2*} \\ i_{3*} \end{bmatrix} + \begin{bmatrix} L_{1*} & M_* & M_* \\ M_* & L_{2*} & M_* \\ M_* & M_* & L_{3*} \end{bmatrix} \frac{\mathrm{d}}{\mathrm{d}t} \begin{bmatrix} i_{1*} \\ i_{2*} \\ i_{3*} \end{bmatrix} \tag{2.21}$$

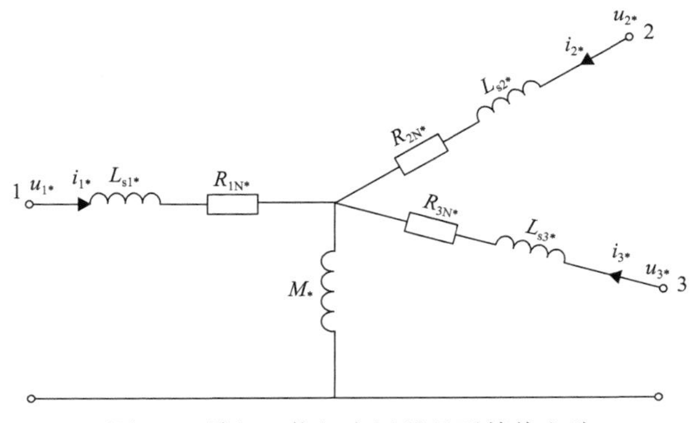

图 2.7　单相三绕组变压器星形等值电路

在 PSCAD 程序中，采用下面的方式来计算电感矩阵的逆矩阵。

假设已知高-中、高-低、中-低绕组之间的短路电抗标幺值分别为 X_{HT}、X_{HL}、X_{TL}，可以得到下面的正序漏抗等效电路(图 2.8)。

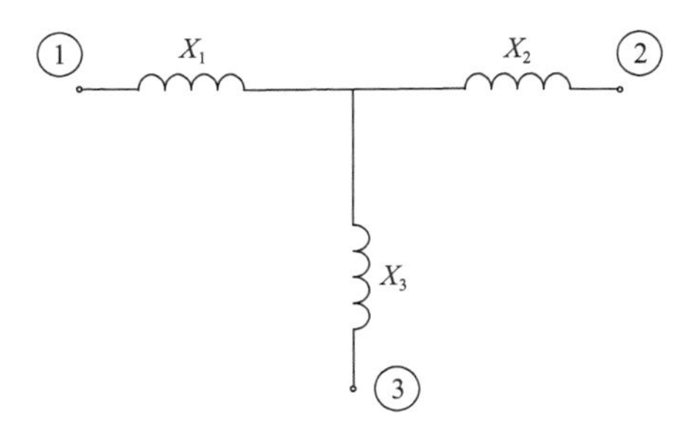

图 2.8　正序漏抗等效电路

图 2.8 中的 X_1、X_2 和 X_3 可以通过式(2.22)计算得到：

$$\begin{aligned} X_1 &= (X_{HT} + X_{HL} - X_{TL}) / 2 \\ X_2 &= (X_{HL} + X_{TL} - X_{HT}) / 2 \\ X_3 &= (X_{HT} + X_{TL} - X_{HL}) / 2 \end{aligned} \tag{2.22}$$

而电感矩阵的逆矩阵的计算方法为式(2.23)：

$$[L]^{-1} = \frac{1}{\mathrm{LL}} \begin{bmatrix} L_2 + L_3 & -a_{12}L_3 & -a_{13}L_2 \\ -a_{12}L_3 & a_{22}(L_1 + L_3) & -a_{23}L_1 \\ -a_{13}L_2 & -a_{23}L_1 & a_{33}(L_1 + L_2) \end{bmatrix} \tag{2.23}$$

式中

$$
\begin{aligned}
&\mathrm{LL} = L_1L_2 + L_1L_3 + L_2L_3 \\
&a_{12} = \frac{U_{\mathrm{base1}}}{U_{\mathrm{base2}}} \\
&a_{22} = \left(\frac{U_{\mathrm{base1}}}{U_{\mathrm{base2}}}\right)^2 \\
&a_{13} = \frac{U_{\mathrm{base1}}}{U_{\mathrm{base3}}} \\
&a_{23} = \frac{U_{\mathrm{base1}}^2}{U_{\mathrm{base2}} \cdot U_{\mathrm{base3}}} \\
&a_{33} = \left(\frac{U_{\mathrm{base1}}}{U_{\mathrm{base3}}}\right)^2
\end{aligned} \tag{2.24}
$$

其中，U_{base1}、U_{base2}和U_{base3}分别为变压器 1、2、3 绕组的额定电压；L_1、L_2、L_3为变压器 1、2、3 绕组的漏电感。

2.3.3　非线性励磁回路的处理

在以上模型建立过程中，变压器励磁回路用一个线性的电感和电阻并联来表示，这样表示简单也易于处理。然而在很多实际应用场合，需要考虑变压器铁心的饱和效应，这时候就不能用线性的电感电阻来表示励磁回路了，励磁回路体现出非线性的特点，通常此时采用一个非线性的电感L_{m}和一个线性的电阻R_{m}来等效表示。此时励磁回路可用如图 2.9 所示的电路模型表示。

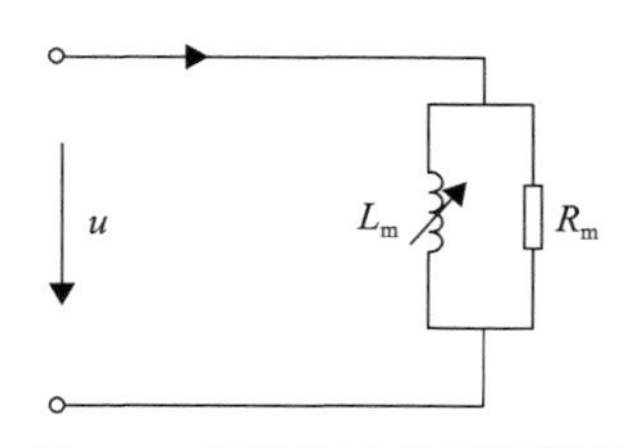

图 2.9　非线性励磁回路模型

一般对非线性电感的处理有两种办法：第一种是拟合磁化曲线，将其用一个等效注入电流源去处理；第二种是分段线性化的办法。

1. 拟合磁化曲线方法

非线性电感可以用一个时变的电感参数$L_{\mathrm{s}}(t)$来表示，与线性电感类似，此时电感中的磁通$\phi_{\mathrm{s}}(t)$与电感电流$I_{\mathrm{s}}(t)$有着如下关系[22]：

$$
\phi_{\mathrm{s}}(t) = L_{\mathrm{s}}(t)I_{\mathrm{s}}(t) \tag{2.25}
$$

非线性电感磁化曲线如图 2.10 所示。在图 2.10 中，磁通ϕ_{s}是电流I_{s}的函数，直线代表了铁心线圈的空心电感L_{A}，其表示磁化曲线的上渐近线，该直线与纵坐

标交于 ϕ_K。线圈的饱和点即图中的转折点，由坐标 I_M、ϕ_M 确定。磁化曲线上每一点的斜率表示此时的电感，用 L_s 表示。如果参数 L_A、ϕ_K、I_M、ϕ_M 已知，那么非线性电感 L_s 也可求得。此时电流 I_s 和磁通 ϕ_s 近似存在以下关系：

$$I_s = \frac{\sqrt{(\phi_s - \phi_K)^2 + 4DL_A} + \phi_s - \phi_K}{2L_A} - \frac{D}{\phi_K} \tag{2.26}$$

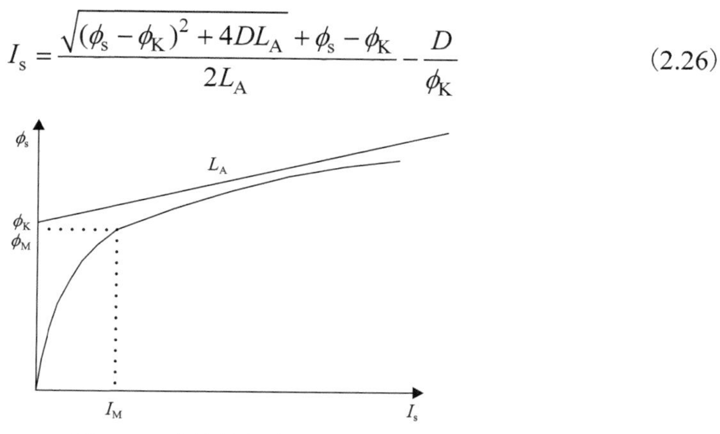

图 2.10　非线性电感磁化曲线

式中

$$\begin{aligned} D &= \frac{-B - \sqrt{B^2 - 4AC}}{2A} \\ A &= \frac{L_A}{\phi_K^2} \\ B &= \frac{L_A I_M - \phi_M}{\phi_K} \\ C &= I_M(L_A I_M - \phi_M + \phi_K) \end{aligned} \tag{2.27}$$

在得到磁通和电流关系曲线后，可以用电流源表示法(具有单步长的时延)来处理。系统在求解 t 时刻状态时，假定 $t-\Delta t$ 时的状态已知，可求得 $\phi(t-\Delta t)$，再由磁通电流关系曲线求得相应的 $i(t-\Delta t)$。用此电流作为电流源的幅值，用电流源代替非线性电感元件，相当于用 $t-\Delta t$ 时的电流去求解 t 时刻的电压。这样只要时间间隔 Δt 足够小，那么解就是足够精确的。

这是一种近似地考虑变压器非线性励磁回路饱和的方法，其参数只有 4 个，便于在实际计算中实施。当然对于励磁曲线的拟合还有许多其他方法，如多项式拟合等。

2. 分段线性化方法

另外一种常用的处理方法是分段线性化的方法，即将磁通电流曲线分成若干段，用分段折线代替分段曲线。工作点从一个线性段变换到另一个线性段，一般由一个受控开关来表示。对于图 2.10 所示的非线性曲线以两段线性化为例，如图 2.11 所示。

图 2.11 中 b 点是励磁支路电感的饱和点，以 b 点为分界，磁通与电流的关系可以表示为

$$\phi_{\mathrm{s}}=\begin{cases}L_1 I_{\mathrm{s}}, & I_{\mathrm{s}} \leqslant I_{\mathrm{M}} \\ \phi_{\mathrm{M}}+L_2\left(I_{\mathrm{s}}-I_{\mathrm{M}}\right), & I_{\mathrm{s}}>I_{\mathrm{M}}\end{cases} \tag{2.28}$$

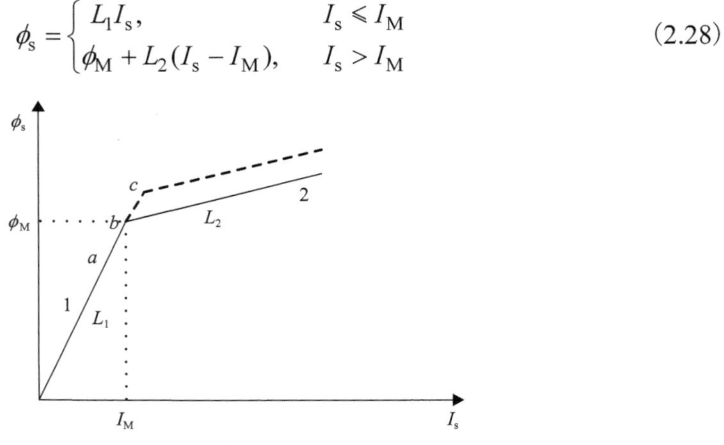

图 2.11 线性化后的电感磁化曲线

当变压器励磁电感电流小于或等于临界电感电流时，其电感值用 L_1 表示，当其电感电流大于临界电感电流时，电感磁化曲线进入第二段，此时电感值用 L_2 表示。

分段线性化的优点是数值稳定，虽有非线性元件，但还是在线性范围内求解。但如果步长 Δt 过大，会出现“过冲”现象，这一点可以用图 2.11 来说明。原来工作点在直线1上，假设为 a 点，还没有超过饱和点，但下一步可能达到 c 点，显然已经超过饱和范围了，此时才意识到工作点 c 处的斜率应与直线 2 的斜率相同，于是工作曲线变为如图 2.11 中虚线所示。虽然虚线与实线斜率相等，但特性发生了“过冲”。解决的办法是采用插值的办法使解来回移动，但沿时间轴上的点不再是等距的。实践证明，只要选择的步长 Δt 合适，就可以减少这种“过冲”，使计算结果满足要求。

2.3.4 其他类型的变压器模型

UMEC 模型的建模方法是利用场-路对偶原理将变压器绕组、铁心之间的电-磁耦合问题转化为电路问题，首先对具体的变压器结构进行磁路分解，然后按照 Steinmetz(斯坦梅茨)磁路等值规则建立变压器的磁等值网络，采用支路磁通法列写所有磁支路的磁压方程，再根据变压器的磁路拓扑结构由(基尔霍夫)磁通定律

得到节点磁压方程，最后得出变压器的电感矩阵。

许多文献已经对此模型进行了深入的介绍，文献[23]、[24]将等效磁路的理论引入电力系统暂态分析中，并建立了包括变压器在内的电力系统元件的等效磁路；文献[25]、[26]将磁路与电路分析相结合，推导了适用于电力系统电磁暂态仿真的变压器的 UMEC 模型；文献[27]、[28]采用规格化铁心的概念，并考虑了变压器铁心饱和造成的非线性，进一步建立了三相三柱式和三相五柱式变压器的模型，这种 UMEC 模型被运用于电力系统电磁暂态仿真软件 PSCAD/EMTDC 中；文献[29]依据变压器铁心拓扑结构推导了磁链矩阵；文献[30]在变压器建模中采用漏磁通作为状态变量，直接形成磁链矩阵的逆矩阵(ATP 应用了这种模型)；此外，UMEC 模型还被应用于电力系统实时仿真软件 RTDS 中[31]。

基于受控源表示的变压器模型是在阻抗模型推导的基础上，首先将变压器用漏感和理想变压器表示，然后由电路理论将理想变压器用受控源表示。这种模型推导相对简单，目前只在国内的一些研究工作中采用[20,32]。这种模型的优点是可以方便地由目前机电暂态采用的稳态模型转化为电磁暂态模型，缺点是只适合于组式三相变压器。

2.4　负 荷 模 型

负荷模型对电力系统电压稳定、暂态稳定等方面的计算结果影响较大，甚至在一些情况下还可能从根本上改变定性的结论。负荷模型一般可以分为静态负荷模型和动态负荷模型。静态负荷模型主要有多项式模型和幂指数模型，动态负荷模型主要有机理式负荷模型和非机理式负荷模型。因为总的负荷中电动机负荷占有较大比例，所以常用电动机负荷模型来表示机理式负荷模型。根据研究对象的侧重点的不同，电动机负荷模型可以分为三种类型，从简单到复杂分别为一阶机械暂态模型、三阶机电暂态模型和五阶电磁暂态模型。非机理式负荷模型有以下三类模型：神经网络模型、差分方程模型、传递函数模型。这类负荷模型将负荷看作一个“黑箱”，电压和频率为输入量，有功功率和无功功率为输出量，其输入输出特性要通过系统辨识的方法来确定。

在暂态稳定及低频振荡等研究中，负荷模型对系统动态特性及控制器的影响已得到广泛关注，我国电力系统稳定计算常采用电动机模型和 ZIP 静态模型相结合的形式来描述系统总的负荷模型，并且通过同步相量测量单元(PMU)录波验证，目前这种负荷模型组合形式具有较好的合理性。

2.4.1　ZIP 静态负荷模型

静态负荷模型一般采用 ZIP 形式(Z 为恒定阻抗、I 为恒定电流、P 为恒定功率)进行计算，表达式如式(2.29)所示：

$$\begin{cases} P = P_{\mathrm{S}}\left[P_{\mathrm{Z}}\left(\dfrac{U}{U_0}\right)^2 + P_{\mathrm{I}}\left(\dfrac{U}{U_0}\right) + P_{\mathrm{P}}\right] \\ Q = Q_{\mathrm{S}}\left[Q_{\mathrm{Z}}\left(\dfrac{U}{U_0}\right)^2 + Q_{\mathrm{I}}\left(\dfrac{U}{U_0}\right) + Q_{\mathrm{P}}\right] \end{cases} \tag{2.29}$$

式中，P 和 Q 分别为负荷的实际有功功率和无功功率；U 为负荷接入点电压有效值；U_0 为初始电压；P_{S} 为节点有功负荷初值；P_{Z} 为恒定阻抗有功负荷比例；P_{I} 为恒定电流有功负荷比例；P_{P} 为恒定功率有功负荷比例；Q_{S} 为节点无功负荷初值；Q_{Z} 为恒定阻抗无功负荷比例；Q_{I} 为恒定电流无功负荷比例；Q_{P} 为恒定功率无功负荷比例。

这种模型为最基础的负荷模型，该模型在电力系统稳定性分析中应用最广。目前应用最广的电磁暂态程序为 EMTDC 和 ATP，前者实现的方法见图 2.12，该模型将初始的有功功率(P_0)和无功功率(Q_0)转换为恒定的阻抗(R_0 和 X_0)，然后在负荷母线上增加电压、频率测量单元，根据测量得到的电压(U)和频率(Freq)值计算实时有功功率和无功功率，通过注入电流(I_{s})的方式进行修正。

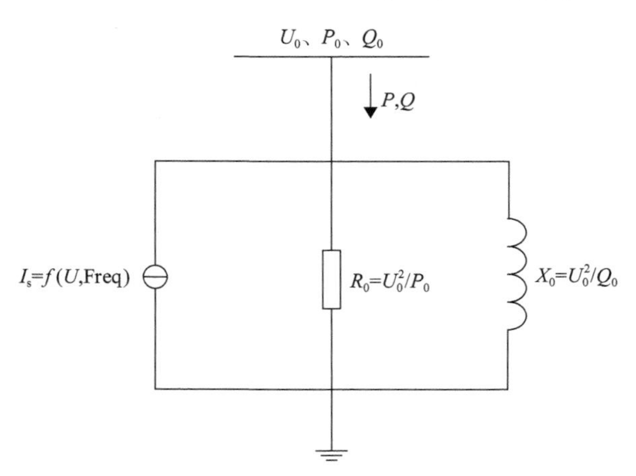

图 2.12　EMTDC 程序中静态负荷模型实现方法

而 ATP 程序实现的方法如图 2.13 所示，该模型完全使用注入电流的方式对其进行实现。图中，U_i 为第 i 个负荷接入点的电压；I_i 为第 i 个负荷的注入电流；

a_{ik} 为第 i 个负荷的有功功率与电压 k 次方相关的系数；b_{ik} 为第 i 个负荷的无功功率与电压 k 次方相关的系数；np 和 nq 为指数系数，指数系数与负载的性质相关，当这些指数等于 0、1、2 时，分别描述恒定功率、恒定电流、恒定阻抗负载特性。

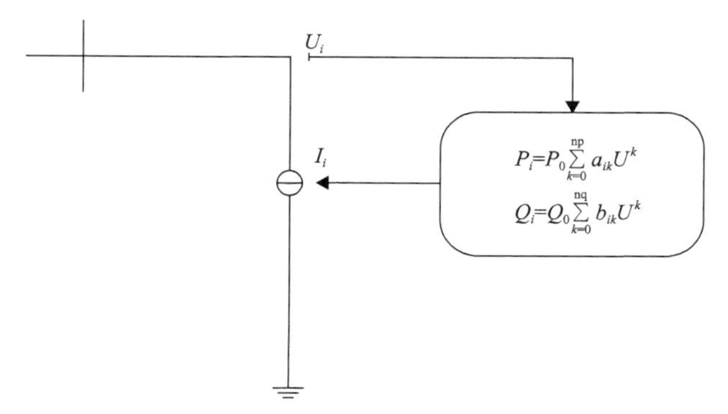

图 2.13　ATP 程序中静态负荷模型实现方法

由于机电暂态电网中有可能存在以负的负荷形式存在的发电功率，如新能源上网功率，由于功率较小，对仿真结果影响不大，可以用负的负荷形式表达出来。但是电磁暂态程序中不能存在负电阻，因此在全电磁暂态仿真程序中需要对这种负的负荷进行处理，可以采用类似于 ATP 程序中完全用注入电流的方式实现：用综合锁相环测量出相位、d 轴和 q 轴的电压 U_{d} 和 U_{q}，通过其有功无功变化规律(式(2.29))，计算出对应电压的有功功率与无功功率，然后反推出相应的 d 轴和 q 轴电流，通过反帕克变换得到注入电网的 abc 三相电流。

2.4.2　感应电动机模型

根据研究目的以及其要求的准确度的不同，目前电机模型可以被大致地分为三类：有限元(或有限差分)模型、等效磁路模型、耦合电路模型。其中前两类模型虽然能够提供更高的精度和更多的信息，但是效率较低，主要用于电机设计，在电力系统分析中真正广泛应用的还是耦合电路模型。耦合电路模型又可以被分为两类：忽略电磁暂态过程的相量模型和电磁暂态模型。由于要建立电机的详细模型，因此需要采用计及电磁暂态过程的电磁暂态模型。电磁暂态模型还可以被分为三类：基于 dq0 变换的模型、相域模型以及 VBR 模型。其中基于 dq0 变换的模型是最为成熟可靠也是获得广泛应用的模型，几种主流的电磁暂态仿真程序(如 PSCAD/EMTDC、EMTP-RV 等)采用的都是这种模型，因此全电磁暂态仿真技术中的感应电动机采用了基于 dq0 变换的电磁暂态模型。

图 2.14 为一个典型感应电动机连接图，由于全电磁暂态仿真程序需要兼顾双

馈风力发电机的仿真，采用绕线式感应电动机接线方式，T 为输入的机械转矩。

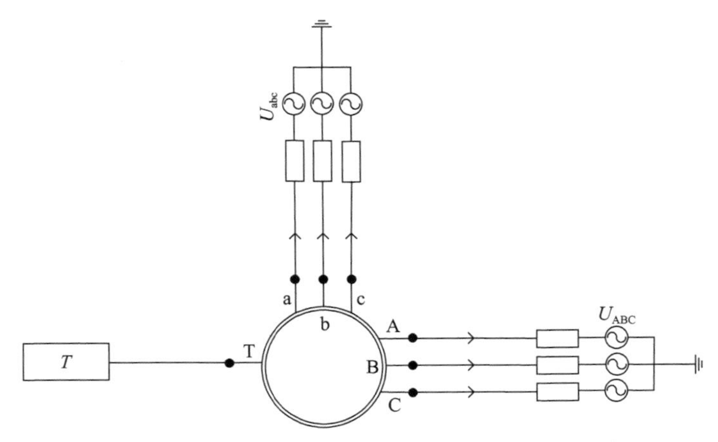

图 2.14　一个典型的绕线式感应电动机对外连接示意图

MATLAB 内部采用的感应电动机为 6 阶模型，定子和转子磁链表达为 4 阶微分代数方程式，还有转子运动方程式 2 阶。

$$\begin{cases} \boldsymbol{u} = \boldsymbol{R} \times \boldsymbol{i} + \dfrac{\mathrm{d}\boldsymbol{\varphi}}{\mathrm{d}t} + \boldsymbol{\omega} \times \boldsymbol{\varphi} \\ \boldsymbol{\varphi} = \boldsymbol{L} \times \boldsymbol{i} \\ T_{\mathrm{j}} \dfrac{\mathrm{d}\omega_{\mathrm{m}}}{\mathrm{d}t} = T_{\mathrm{e}} - T_{\mathrm{m}} \\ \dfrac{\mathrm{d}\theta_{\mathrm{m}}}{\mathrm{d}t} = \omega_{\mathrm{m}} \end{cases} \tag{2.30}$$

式中，$\boldsymbol{R}$ 为定子转子电阻，4×4 矩阵；$\boldsymbol{L}$ 为定子/转子的自感和互感，4×4 矩阵；$\boldsymbol{\omega}$ 为 4×4 矩阵，代表定子转子转速；$\boldsymbol{\varphi}$ 为磁通；T_{j} 为发电机惯性时间常数；T_{e} 为电磁转矩；T_{m} 为机械转矩；θ_{m} 为转子角度；ω_{m} 为转子机械转速。

而 $\boldsymbol{u}$ 、$\boldsymbol{i}$ 和 $\boldsymbol{\varphi}$ 均为 4 阶列向量，分别表示 dq 轴定子转子的电压、电流和磁链。

$$\boldsymbol{u} = \begin{bmatrix} u_{\mathrm{qs}} \\ u_{\mathrm{ds}} \\ u_{\mathrm{qr}} \\ u_{\mathrm{dr}} \end{bmatrix},\quad \boldsymbol{i} = \begin{bmatrix} i_{\mathrm{qs}} \\ i_{\mathrm{ds}} \\ i_{\mathrm{qr}} \\ i_{\mathrm{dr}} \end{bmatrix},\quad \boldsymbol{\varphi} = \begin{bmatrix} \varphi_{\mathrm{qs}} \\ \varphi_{\mathrm{ds}} \\ \varphi_{\mathrm{qr}} \\ \varphi_{\mathrm{dr}} \end{bmatrix} \tag{2.31}$$

式中，下标 d、q 分别表示 d 轴和 q 轴，r、s 分别表示转子和定子。

上述模型可以模拟常规的绕线式感应电动机、鼠笼式感应电动机、异步发电机、双馈风力发电机，具有很强的适应性，但是由于采用 6 阶模型，计算量稍大一些。

在启动电磁暂态仿真时，感应电动机可以从静止开始启动，有全压直接启动、自耦减压启动、Y/△启动、软启动、变频器启动等多种方式，但是如果全电磁暂态程序不考虑感应电动机负荷的启动过程、迅速将感应电动机负荷过渡到稳定状态，需要通过潮流计算的结果对电动机模型进行初始化。

与机电暂态程序类似，电磁暂态的初始化计算可以采用同样的电动机等效电路，如图 2.15 所示。如果给定电动机的初始滑差 S_0，需要通过初始滑差推算出电动机的容量；或者在给定电动机初始功率 P_{md0} 和负载率的情况下，推算出电动机的初始滑差。

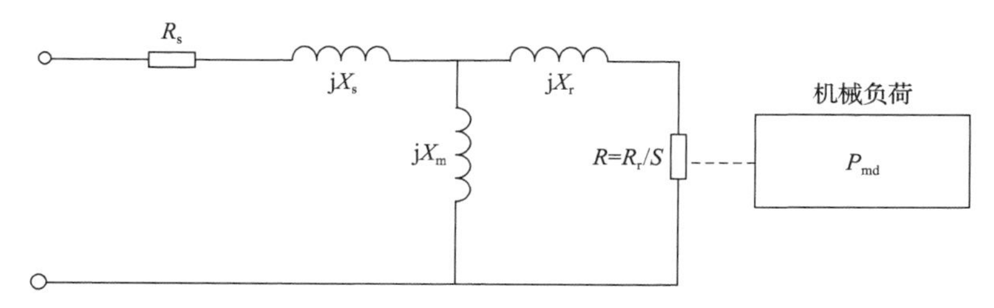

图 2.15　机电暂态稳定程序中鼠笼式感应电动机等效电路

若已知电动机的初始滑差 S_0，如果在给定的初始电压 U_0(标幺值) 和电动机定转子的阻抗标幺值(R_s、R_r、X_s、X_r)以及激磁电抗标幺值(X_m)的条件下，假定以基准容量功率为基准值，其标幺值为 1，在初始滑差 S_0 时电动机的对外阻抗标幺值为

$$Z_{pu}=R_s+jX_s+\frac{jX_m\left(\dfrac{R_r}{S_0}+jX_r\right)}{jX_m+\dfrac{R_r}{S_0}+jX_r} \tag{2.32}$$

在初始电压 U_0 下对应的视在功率标幺值的计算见式(2.33)。

$$S_{pu}=\frac{U_0^2}{\mathrm{conj}(Z_{pu})} \tag{2.33}$$

如果电动机需要得到 P_{md0}，那么电动机的总容量 S_{md} 必须设置为初始有功 P_{md0} 除以电动机视在功率标幺值的实部，见式(2.34)。

$$S_{\mathrm{md}}=\frac{P_{\mathrm{md0}}}{\mathrm{real}(S_{\mathrm{pu}})} \tag{2.34}$$

而另外一种给定电动机初始功率和负载率初值的设置方式，可以直接由电动机的初始功率除以负载率得到电动机的容量，进一步采用上述电路逆向推导出电动机的初始滑差。得到电动机的初始滑差和容量后，就可以计算出指定负荷水平下电动机的实际参数，然后进入整个系统的仿真过程。

2.5 本章小结

本章主要针对电磁暂态中的常用模型进行简要介绍。对于传统交流设备，主要考虑了发电机、输电线路、变压器、负荷模型四大类电网主要设备。

(1) 发电机电磁暂态模型中，经典的模型主要是 abc 坐标的发电机模型和经过帕克变换的 DQ 轴模型，以及综合上述两种模型思想的 VBR 模型，都具有一定的应用基础。

(2) 输电线路的电磁模型主要采用分布式参数模型，包括不考虑频变的 Bergeron 模型和 Dommel 模型、考虑频变的 Marti 模型和 Noda 模型，考虑频变的模型能够更好地计及频率变化的影响。对于三相输电线路，需要采用相模变换技术，实现三相解耦。

(3) 变压器模型介绍了用途最广泛的传统变压器模型。变压器励磁回路的饱和对变压器特性有较大影响，通常采用拟合磁化曲线方法、分段线性化方法等。

(4) 负荷模型介绍了 ZIP 静态负荷模型和感应电动机模型，及其在电磁暂态仿真中如何通过潮流结果进行初始化的方法。

参考文献

[1] 李光琦. 电力系统暂态分析[M]. 北京: 水利电力出版社, 1985.

[2] Kundur P. Power System Stability and Control[M]. New York: McGraw-Hill, 1994.

[3] Brandwajn V. Synchronous generator models for the analysis of electromagnetic[D]. Vancouver: The University of British Columbia, 1979.

[4] Olive D W. Digital simulation of synchronous machine transients[J]. IEEE Transactions on Power Apparatus and Systems, 1968, PAS-87(8): 1669-1675.

[5] Hammons T J, Winning D J. Comparisons of synchronous-machine models in the study of the transient behaviour of electrical power systems[J]. Proceedings of the Institution of Electrical Engineers, 1971, 118(10): 1442-1458.

[6] Pekarek S D, Wasynczuk O, Hegner H J. An efficient and accurate model for the simulation and analysis of synchronous machine/converter systems[J]. IEEE Transactions on Energy Conversion, 1998, 13(1): 42-48.

[7] Wang L W, Jatskevich J. A voltage-behind-reactance synchronous machine model for the EMTP-type solution[J]. IEEE Transactions on Power Systems, 2006, 21(4): 1539-1549.

[8] Karaagac U, Mahseredjian J, Kocar I, et al. An efficient voltage-behind-reactance formulation-based synchronous machine model for electromagnetic transients[J]. IEEE Transactions on Power Delivery, 2013, 28(3): 1788-1795.

[9] Paul C R. Analysis of Multiconductor Transmission Lines[M]. Hoboken: John Wiley&Sons, 2007.

[10] Dommel H W. Digital computer solution of electromagnetic transients in single-and multiphase networks[J]. IEEE Transactions on Power Apparatus and Systems, 1969, PAS-88(4): 388-399.

[11] Marti J R. The problem of frequency dependence in transmission line modelling[D]. Vancouver: The University of British Columbia, 1981.

[12] Marti J R. Accurate modeling of frequency-dependent transmission-lines in electromagnetic transient simulations[J]. IEEE Transactions on Power Apparatus and Systems, 1982, 101(1): 147-157.

[13] Budner A. Introduction of frequency-dependent line parameters into an electromagnetic transients program[J]. IEEE Transactions on Power Apparatus and Systems, 1970, PAS-89(1): 88-97.

[14] Snelson J K. Propagation of travelling waves on transmission lines-frequency dependent parameters[J]. IEEE Transactions on Power Apparatus and Systems, 1972, PAS-91(1): 85-91.

[15] Meyer W S, Dommel H W. Numerical modeling of frequency-dependent transmission-line parameters in an electromagnetic transients program[J]. IEEE Transactions on Power Apparatus and Systems, 1974, PAS-93(5): 1401-1409.

[16] Noda T, Nagaoka N. Phase domain modeling of frequency-dependent transmission lines by means of an ARMA model[J]. IEEE Transactions on Power Delivery, 1996, 11(1):401-411.

[17] Marti J R, Marti L, Dommel H W . Transmission line models for steady-state and transients analysis[C]//Joint International Power Conference Athens Power Tech, Athens, 1993.

[18] Nguyen H V, Dommel H W, Marti J R. Direct phase-domain modelling of frequency-dependent overhead transmission lines[J]. IEEE Transactions on Power Delivery, 1997, 12(3): 1335-1342.

[19] Brandwajn V, Donnel H W, Dommel I I. Matrix representation of three-phase n-winding transformers for steady-state and transient studies[J]. IEEE Transactions on Power Apparatus and Systems, 1982, PAS-101(6): 1369-1378.

[20] 赵亮亮. 电力系统电磁暂态数字仿真中自耦变压器模型的研究[D]. 天津: 天津大学, 2004.

[21] Slemon G R. Equivalent circuits for transformers and machines including non-linear effects[J]. Proceedings of the IEE-Part Ⅳ: Institution Monographs, 1953, 100(5): 129-143.

[22] Sudha S A, Chandrasekaran A, Rajagopalan V. New approach to switch modelling in the analysis of power electronic systems[J]. Electric Power Applications, IEE Proceedings B, 1993, 140(2): 115-123.

[23] Derbas H W, Williams J M, Koenig A C, et al. A comparison of nodal-and mesh-based magnetic equivalent circuit models[J]. IEEE Transactions on Energy Conversion, 2009, 24(2): 388-396.

[24] Lwithwaite E R. Magnetic equivalent circuits for electrical machines[J]. Proceedings of the Institution of Electrical Engineers, 1967, 114(11): 1805-1809.

[25] Arrillaga J, Enright W, Watson N R, et al. Improved simulation of HVDC converter transformers in electromagnetic transient programs[J].IEE Proceedings - Generation, Transmission and Distribution, 1997, 144(2):100-106.

[26] Enright W, Arrillaga J, Watson N, et al. Modelling multi-limb transformers with an electromagnetic transient program[J]. Mathematics and Computers in Simulation, 1998, 46 (3): 213-223.

[27] Enright W, Nayak O B , Irwin G D, et al. An electromagnetic transients model of multi-limb transformers using normalized core concept[C]//IPST '97 Proceedings, Seattle: 1997: 93-98.

[28] Enright W, Watson N, Nayak O B. Three-phase five-limb unified magnetic equivalent circuit transformer models for PSCAD V3[C]// IPST '99 Proceedings, Budapest: 1999: 462-467.

[29] Hatziargyriou D N , Prousalidis M J, Papadias C B. Generalised transformer model based on the analysis of its magnetic core circuit[J]. Generation, Transmission and Distribution, IEE Proceedings C, 1993, 140(4): 269-278.

[30] Chen X. A three-phase multi-legged transformer model in ATP using the directly-formed inverse inductance matrix[J]. IEEE Transactions on Power Delivery, 1996, 11 (3): 1554-1562.

[31] Zhang Y, Maguire T, Forsyth P. UMEC transformer model for the real time digital simulator[C]//Proceedings of the International Conference on Power Systems Transients 2005 (IPST 2005), Montreal, 2005: 19-23.

[32] 朱翊. 电力变压器电磁暂态仿真模型与算法研究[D]. 天津: 天津大学, 2012.

第 3 章　新能源发电设备模型

仿真是利用模型来模拟实际系统的运动过程并进行试验的技术。目前大型风电场或陆上新能源电站一般包含几十台甚至上百台风力发电机组或光伏单元，如何建立能准确表征运行特性的新能源电站发电设备模型，并得到新能源电站等值模型，合理分析并网仿真结果，研究其与系统间的交互机理，对于大规模新能源发电接入电网后系统的稳定运行具有十分重要的作用。

新能源发电设备最重要的核心器件为两电平或三电平电压源换流器(voltage source converter，VSC)[1]，本章先介绍其控制系统的最基础的锁相环，然后介绍风电和光伏发电的详细电磁暂态模型和控制方法，以及所搭建的详细电磁暂态仿真模型，在此基础上针对海上风电场提出一套简单有效的等值方法。

3.1　锁相环及交流电压正负序分离

目前，新能源发电的电压源换流器都是电网跟踪型换流器，如果要正常工作，必须确定接入点电网的电压相位，然后才能根据相位完成 dq 轴解耦及相关的测量、控制以及调制后的电压输出，图 3.1 为工作示意图，能否准确跟踪到相位是电网跟踪型换流器能否正常工作和完成控制目标的关键，这个功能主要由锁相环(phase lock loop，PLL)来实现(其输出的相位角为 θ_{PLL})[2]。

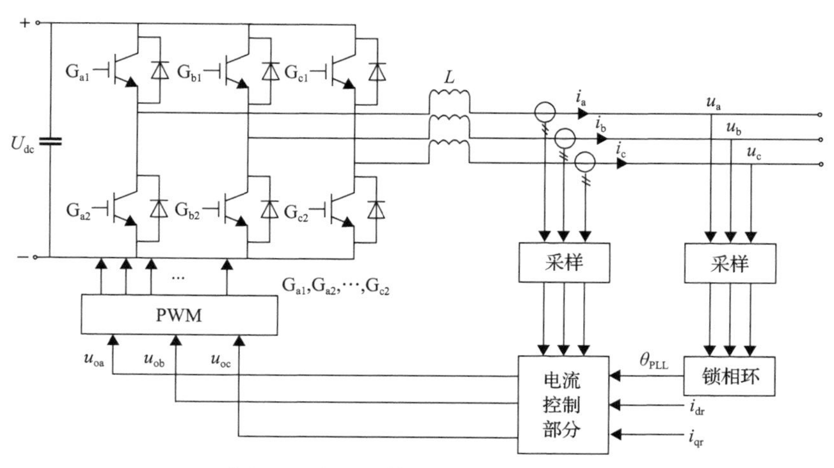

图 3.1　电压源换流器(VSC)示意图

常规基于同步坐标系锁相环(synchronous reference frame-PLL，SRF-PLL)通

过 PI(比例积分)跟踪使 q 轴电压 U_q 为 0，得到频率和角度，典型的框图如图 3.2 所示。

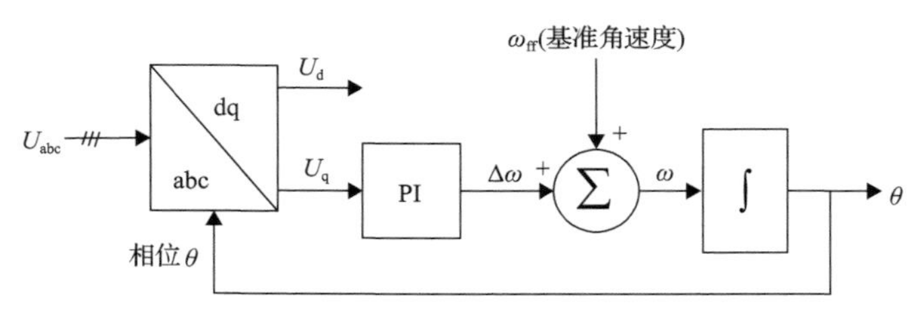

图 3.2 基于同步坐标系锁相环(SRF-PLL)示意图

在此基础上,国内外的学者提出了一种解耦的双同步坐标系锁相环(decoupled double synchronous reference frame-PLL, DDSRF-PLL)[3],具备正负序分离的能力,见图 3.3。$\hat{U}_{\alpha\beta}^{+}$、$\hat{U}_{\alpha\beta}^{-}$ 为正、负序 αβ 变换后的电压，LPF 表示低通滤波器，$\hat{U}_{d,1}^{+}$、$\hat{U}_{q,1}^{+}$ 为正序 d、q 轴电压。

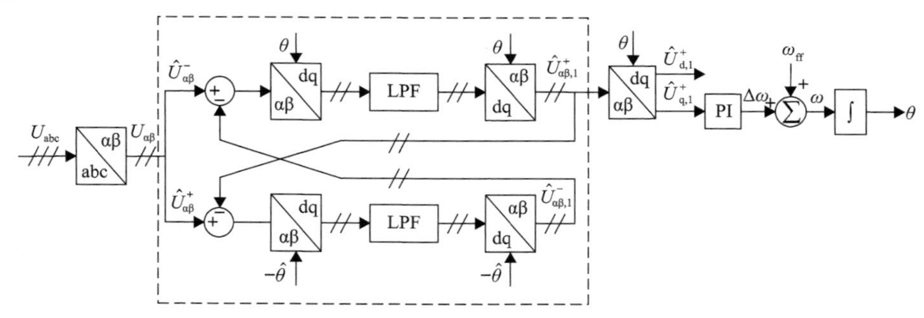

图 3.3 解耦的双同步坐标系锁相环(DDSRF-PLL)示意图

图 3.4 所示是一种通过二阶广义积分器进行滤波和延时的、具备正负序分离能力的基于二阶广义积分器的锁相环(dual second-order generalized integrator based-PLL, DSOGI-PLL)[4]。U'_{α}、U'_{β} 为 αβ 变换后的电压，qU'_{α}、qU'_{β} 为 U'_{α}、U'_{β} 旋转 90°。

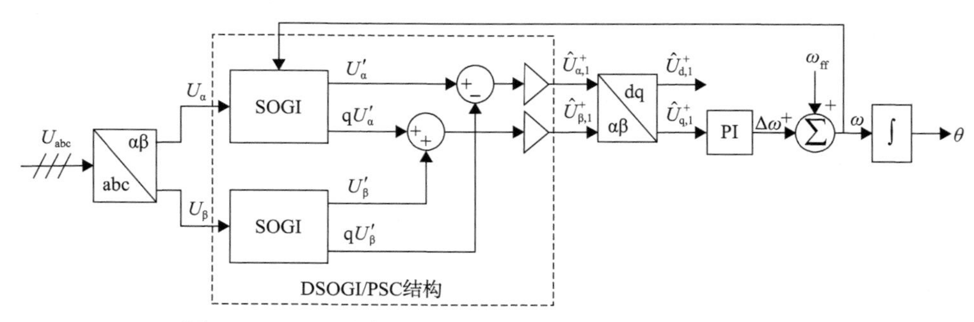

图 3.4 基于二阶广义积分器的锁相环(DSOGI-PLL)示意图

PSC(positive-sequence calculator，正序分量计算模块)

还有一种基于交叉解耦复数滤波器的锁相环(multiple complex-coefficient-filter-based-PLL，MCCF-PLL)，实现了滤掉谐波和正负序解耦等功能[5]。这些复杂的锁相环在具备基础锁相环(SRF-PLL)锁住相位的功能的同时，提供了正序和负序电压的分离和 dq 轴解耦，给新能源发电设备在电网各种不同运行状态和故障条件下的稳定运行提供了保障。

3.2　常用电气量的测量与计算

新能源的控制系统的主要目的是针对外界的电压、电流和功率的变化做出响应，给出用于进行新能源设备控制的输出，满足新能源设备安全稳定运行的需要。

对新能源设备而言，外界的电压和电流都是 abc 三相瞬时值，需要在锁相环的辅助下对瞬时值进行坐标变换，提取正序和负序分量。3.1 节介绍了这种具备综合功能的锁相环——给出相角的同时，得到 dq 轴正序和负序电压，根据该相角，通过坐标变换也可以得到 dq 轴的正序和负序电流。

1. *有功功率和无功功率瞬时值的计算*

设三相电压和三相电流分别为u_{a}、u_{b}、u_{c}和i_{a}、i_{b}、i_{c}，且

$$\begin{aligned} u_{\mathrm{a}} &= \sqrt{2}\cdot U\cdot\sin(\omega t) & i_{\mathrm{a}} &= \sqrt{2}\cdot I\cdot\sin(\omega t-\varphi) \\ u_{\mathrm{b}} &= \sqrt{2}\cdot U\cdot\sin(\omega t-120°) & i_{\mathrm{b}} &= \sqrt{2}\cdot I\cdot\sin(\omega t-120°-\varphi) \\ u_{\mathrm{c}} &= \sqrt{2}\cdot U\cdot\sin(\omega t+120°) & i_{\mathrm{c}} &= \sqrt{2}\cdot I\cdot\sin(\omega t+120°-\varphi) \end{aligned} \tag{3.1}$$

式中，U为相电压有效值；I为线电流有名值；φ为功角。

瞬时值形式的有功功率计算公式为

$$P = u_{\mathrm{a}}i_{\mathrm{a}} + u_{\mathrm{b}}i_{\mathrm{b}} + u_{\mathrm{c}}i_{\mathrm{c}} \tag{3.2}$$

在稳态和平衡系统中，三相的无功功率计算为

$$Q = 3\cdot U\cdot I\cdot\sin\varphi \tag{3.3}$$

经过公式推导和化简得到：

$$\begin{aligned} &u_{\mathrm{bc}}\cdot i_{\mathrm{a}} + u_{\mathrm{ca}}\cdot i_{\mathrm{b}} + u_{\mathrm{ab}}\cdot i_{\mathrm{c}} \\ &= 3\sqrt{3}U\cdot I\cdot\sin\varphi = \sqrt{3}Q \end{aligned} \tag{3.4}$$

并且，有

$$\begin{aligned} &u_{\mathrm{a}}\cdot(i_{\mathrm{b}}-i_{\mathrm{c}}) + u_{\mathrm{b}}\cdot(i_{\mathrm{c}}-i_{\mathrm{a}}) + u_{\mathrm{c}}\cdot(i_{\mathrm{a}}-i_{\mathrm{b}}) \\ &= -3\sqrt{3}U\cdot I\cdot\sin\varphi = -\sqrt{3}Q \end{aligned} \tag{3.5}$$

因此，瞬时值形式的无功功率计算公式有两个：

$$Q = \frac{\sqrt{3}}{3}(u_{bc} \cdot i_a + u_{ca} \cdot i_b + u_{ab} \cdot i_c)$$

$$Q = -\frac{\sqrt{3}}{3}[u_a \cdot (i_b - i_c) + u_b \cdot (i_c - i_a) + u_c \cdot (i_a - i_b)] \tag{3.6}$$

瞬时值计算的有功功率和无功功率可以增加电压和电流的零序消除环节，对输出的结果进行时间常数为 0.01～0.02ms 的一阶低通滤波，消除零序和谐波的影响，得到更稳定的输出，但无法消除负序带来的 100Hz 的振荡。

2. dq 轴电气量的测量与计算

根据 dq 轴的位置以及坐标变换角度的定义的不同，主要有三种不同形式的 abc 坐标系到 dq0 坐标系的变换形式(合并 Clark 变换和帕克变换，消去中间的变换过程)，对应着不同的计算公式。

第一种坐标变换形式为 q 轴超前 d 轴 90°，变换角度 θ 为 d 轴超前 a 相的角度，如图 3.5 所示，其中 θ 为坐标变换角度。

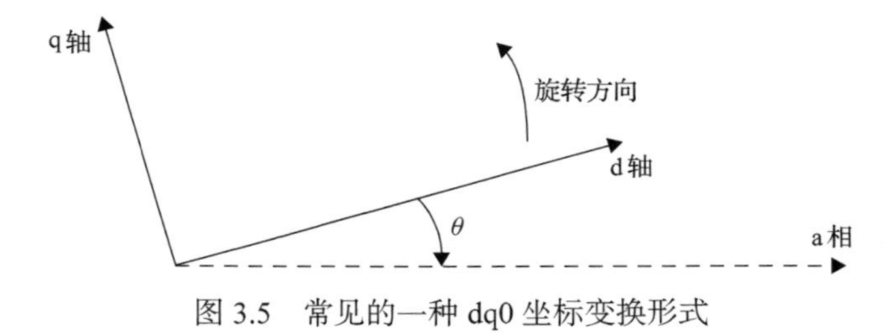

图 3.5　常见的一种 dq0 坐标变换形式

abc 坐标系到 dq0 坐标系的变换为式(3.7)，反变换为式(3.8)：

$$\begin{bmatrix} d \\ q \\ 0 \end{bmatrix} = \frac{2}{3}\begin{bmatrix} \cos\theta & \cos\left(\theta - \frac{2}{3}\pi\right) & \cos\left(\theta + \frac{2}{3}\pi\right) \\ -\sin\theta & -\sin\left(\theta - \frac{2}{3}\pi\right) & -\sin\left(\theta + \frac{2}{3}\pi\right) \\ \frac{1}{2} & \frac{1}{2} & \frac{1}{2} \end{bmatrix}\begin{bmatrix} a \\ b \\ c \end{bmatrix} \tag{3.7}$$

$$\begin{bmatrix} a \\ b \\ c \end{bmatrix} = \begin{bmatrix} \cos\theta & -\sin\theta & 1 \\ \cos\left(\theta - \frac{2}{3}\pi\right) & -\sin\left(\theta - \frac{2}{3}\pi\right) & 1 \\ \cos\left(\theta + \frac{2}{3}\pi\right) & -\sin\left(\theta + \frac{2}{3}\pi\right) & 1 \end{bmatrix}\begin{bmatrix} d \\ q \\ 0 \end{bmatrix} \tag{3.8}$$

式中，a、b 和 c 为 abc 静止参考系中三相系统的分量；d 和 q 为旋转坐标系中直轴(d 轴)、交轴(q 轴)的分量；0 为静止参考系中垂直于 dq 轴平面的 0 轴分量。

对应的有功功率和无功功率计算为式(3.9)：

$$
\begin{aligned}
P &= \frac{3}{2}(U_{\mathrm{d}} \cdot I_{\mathrm{d}} + U_{\mathrm{q}} \cdot I_{\mathrm{q}}) \\
Q &= \frac{3}{2}(-U_{\mathrm{d}} \cdot I_{\mathrm{q}} + U_{\mathrm{q}} \cdot I_{\mathrm{d}})
\end{aligned} \tag{3.9}
$$

式(3.9)中的系数 3/2，是因为 Clark 变换采用的是等幅值变换形式，如果采用等功率变换形式，则没有这个系数。

dq 轴电流经过一个电阻电感串联支路(电阻为 R，电感为 L)后，交叉补偿项的计算公式为式(3.10)：

$$
\begin{aligned}
\Delta U_{\mathrm{d}} &= R \cdot I_{\mathrm{d}} + \omega L \cdot I_{\mathrm{q}} \\
\Delta U_{\mathrm{q}} &= -R \cdot I_{\mathrm{q}} + \omega L \cdot I_{\mathrm{d}}
\end{aligned} \tag{3.10}
$$

第二种坐标变换形式：q 轴滞后 d 轴 90°，变换角度 θ 为 d 轴超前 a 相角度，如图 3.6 所示。

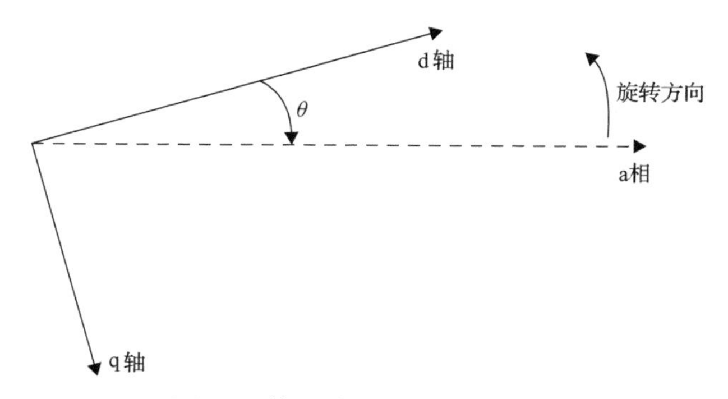

图 3.6　第二种 dq0 坐标变换形式

abc 坐标系到 dq0 坐标系的变换为式(3.11)，反变换为式(3.12)：

$$
\begin{bmatrix} d \\ q \\ 0 \end{bmatrix} = \frac{2}{3}
\begin{bmatrix}
\cos\theta & \cos\left(\theta - \frac{2}{3}\pi\right) & \cos\left(\theta + \frac{2}{3}\pi\right) \\
\sin\theta & \sin\left(\theta - \frac{2}{3}\pi\right) & \sin\left(\theta + \frac{2}{3}\pi\right) \\
\frac{1}{2} & \frac{1}{2} & \frac{1}{2}
\end{bmatrix}
\begin{bmatrix} a \\ b \\ c \end{bmatrix} \tag{3.11}
$$

$$\begin{bmatrix} a \\ b \\ c \end{bmatrix} = \begin{bmatrix} \cos\theta & \sin\theta & 1 \\ \cos\left(\theta - \frac{2}{3}\pi\right) & \sin\left(\theta - \frac{2}{3}\pi\right) & 1 \\ \cos\left(\theta + \frac{2}{3}\pi\right) & \sin\left(\theta + \frac{2}{3}\pi\right) & 1 \end{bmatrix} \begin{bmatrix} d \\ q \\ 0 \end{bmatrix} \tag{3.12}$$

对应的有功功率和无功功率计算为式(3.13)：

$$\begin{aligned} P &= \frac{3}{2}(U_{\mathrm{d}} \cdot I_{\mathrm{d}} + U_{\mathrm{q}} \cdot I_{\mathrm{q}}) \\ Q &= \frac{3}{2}(U_{\mathrm{d}} \cdot I_{\mathrm{q}} - U_{\mathrm{q}} \cdot I_{\mathrm{d}}) \end{aligned} \tag{3.13}$$

交叉补偿项的计算公式为

$$\begin{aligned} \Delta U_{\mathrm{d}} &= R \cdot I_{\mathrm{d}} + \omega L \cdot I_{\mathrm{q}} \\ \Delta U_{\mathrm{q}} &= -R \cdot I_{\mathrm{q}} + \omega L \cdot I_{\mathrm{d}} \end{aligned}$$

第三种坐标变换形式为 MATLAB 仿真程序中经常采用的一种坐标变换形式：q 轴超前 d 轴 90°，变换角度 θ 为 q 轴超前 a 相的角度，如图 3.7 所示。

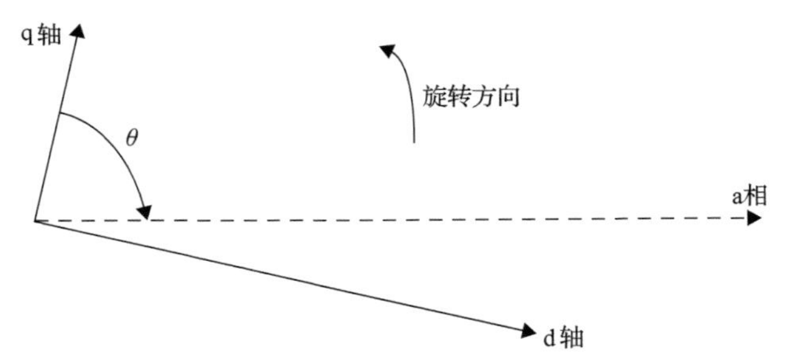

图 3.7　MATLAB 采用的一种 dq0 坐标变换形式

abc 坐标系到 dq0 坐标系的变换为式(3.14)，反变换为式(3.15)：

$$\begin{bmatrix} d \\ q \\ 0 \end{bmatrix} = \frac{2}{3} \begin{bmatrix} \sin\theta & \sin\left(\theta - \frac{2}{3}\pi\right) & \sin\left(\theta + \frac{2}{3}\pi\right) \\ \cos\theta & \cos\left(\theta - \frac{2}{3}\pi\right) & \cos\left(\theta + \frac{2}{3}\pi\right) \\ \frac{1}{2} & \frac{1}{2} & \frac{1}{2} \end{bmatrix} \begin{bmatrix} a \\ b \\ c \end{bmatrix} \tag{3.14}$$

$$\begin{bmatrix} a \\ b \\ c \end{bmatrix} = \begin{bmatrix} \sin\theta & \cos\theta & 1 \\ \sin\left(\theta - \frac{2}{3}\pi\right) & \cos\left(\theta - \frac{2}{3}\pi\right) & 1 \\ \sin\left(\theta + \frac{2}{3}\pi\right) & \cos\left(\theta + \frac{2}{3}\pi\right) & 1 \end{bmatrix} \begin{bmatrix} d \\ q \\ 0 \end{bmatrix} \tag{3.15}$$

对应的有功功率和无功功率计算为

$$P = \frac{3}{2}(U_{\mathrm{d}} \cdot I_{\mathrm{d}} + U_{\mathrm{q}} \cdot I_{\mathrm{q}})$$

$$Q = \frac{3}{2}(-U_{\mathrm{d}} \cdot I_{\mathrm{q}} + U_{\mathrm{q}} \cdot I_{\mathrm{d}})$$

交叉补偿项的计算公式为式(3.16)：

$$\begin{aligned} \Delta U_{\mathrm{d}} &= R \cdot I_{\mathrm{d}} - \omega L \cdot I_{\mathrm{q}} \\ \Delta U_{\mathrm{q}} &= R \cdot I_{\mathrm{q}} + \omega L \cdot I_{\mathrm{d}} \end{aligned} \tag{3.16}$$

新能源的控制系统中将经常遇到上述三种坐标变换形式，每种坐标变换形式对应着不同的功率计算方法和交叉补偿项计算方法，经常会因为公式误用导致各种错误。

3.3　双馈感应风力发电机

作为当前市场上最主流的风电机组之一，双馈感应发电机(doubly-fed induction generators，DFIG)风电机组集合了之前风电机组设计的所有优点，同时在电力电子技术方面进行了改进。绕线式转子感应发电机的转子通过背靠背的采用绝缘栅双极型晶体管的功率变频器连接至电网，其中功率变频器可以同时控制转子电流的幅值和频率，如图 3.8 所示，由于异步发电机的定子和转子绕组都与电网相连，因此都参与能量转换过程，故称为双馈异步风力发电机[6]。

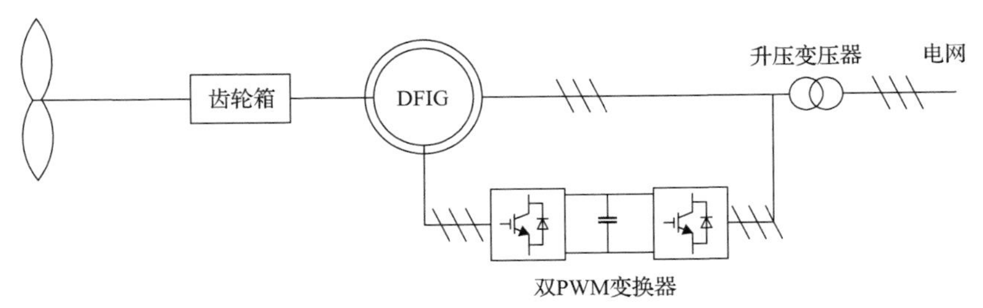

图 3.8　双馈异步风力发电机(DFIG)的典型接线图

双馈异步风力发电系统可分解为以下几个模块：风力机、锁相环、轴系、双馈异步电机、网侧滤波器、双 PWM 变换器和接口线路等。其中对电网影响较大的主要是双馈异步电机以及双 PWM 变换器，这里将着重介绍双 PWM 变换器及其控制系统。

3.3.1　双馈风力发电机变换器及其控制系统

双馈风力发电机的转子与电网之间采用背靠背换流器进行连接。由于电网电压容易获得且较为稳定，网侧换流器(GSC)一般采用电网电压定向的矢量控制方法[7]。图 3.9 所示为网侧换流器控制的双闭环控制的结构，d 轴采用定电压控制，q 轴采用定电流控制(一般 q 轴电流设定为 0 值)。以 d 轴为例，给定的直流电压(U_{dc}^*)与直流测量电压 U_{dc} 进行比较后进入 PI 调节器，输出 d 轴电流的参考值进入电流内环控制，与 d 轴电流测量值相比较，再次进入 PI 调节器，输出电压 U_{dr}'，添加补偿 dq 轴电流引起的交叉耦合以及 d 轴电压测量值 U_d，得出 d 轴参考电压，q 轴控制类似，与 d 轴控制解耦，最终 d 轴和 q 轴电压参考值经 αβ 坐标变换后进入调制环节输出换流器阀的驱动信号，实现对网侧换流器输出电压的控制。

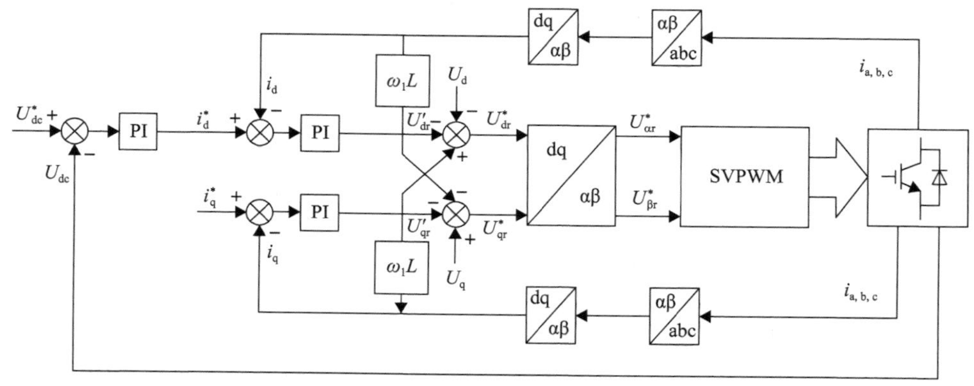

图 3.9　网侧换流器控制策略框图

SVPWM(空间矢量脉宽调制)

转子侧变换也采用双闭环 PI 控制，通过调节转子的电流实现对双馈风力发电机对外输出的有功功率和无功功率的控制，转子侧换流器的控制策略如图 3.10 所示。转子侧的有功功率参考值一般为原动机输入发电机轴的机械功率，无功功率参考值则根据电网的需求进行调节，电流内环以功率外环的输出作为给定值，对转子电流进行控制，通样也需要考虑 dq 轴电流引起的交叉耦合项，最后得到电压指令送给调制模块，对转子侧换流器的输出电压进行精确控制。

3.3.2　风机保护装置

双馈风力发电机在电压跌落期间会出现暂态转子过电流、过电压、转子转速

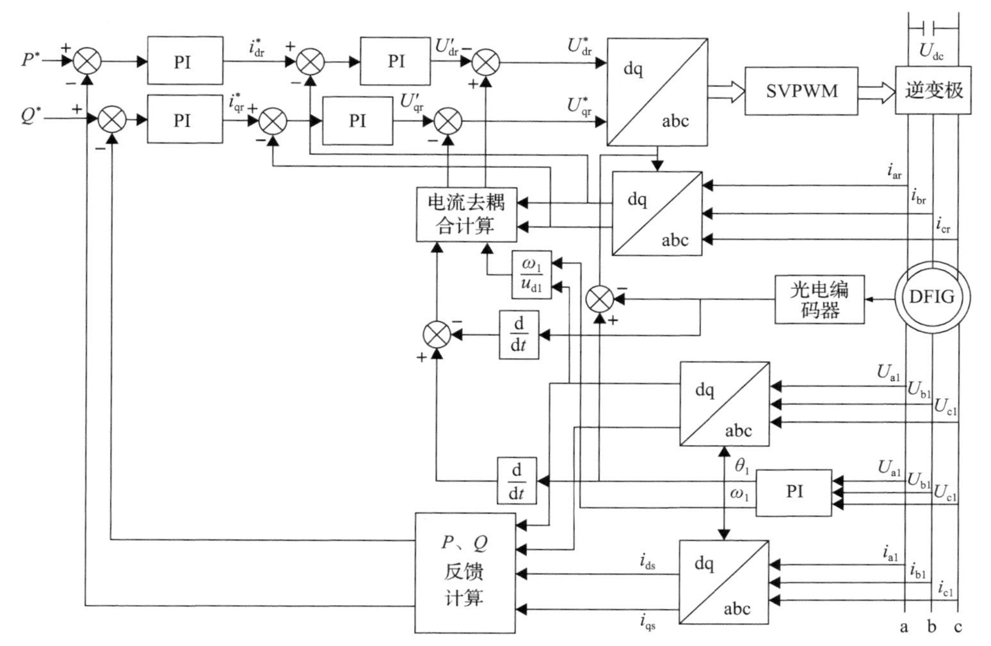

图 3.10　转子侧换流器控制策略框图

ω_1 为网侧角速度；u_{d1} 为 d 轴电压

急剧上升的现象，严重时甚至会导致电力电子器件的损坏。目前双馈风力发电机低电压穿越的实现方法主要分为两大类，包括附加控制策略保护和安装硬件保护装置[8]，而实际双馈风力发电机中最常采用的方式为安装 Crowbar 保护电路或安装 Chopper 保护电路，其电路图如图 3.11 所示。

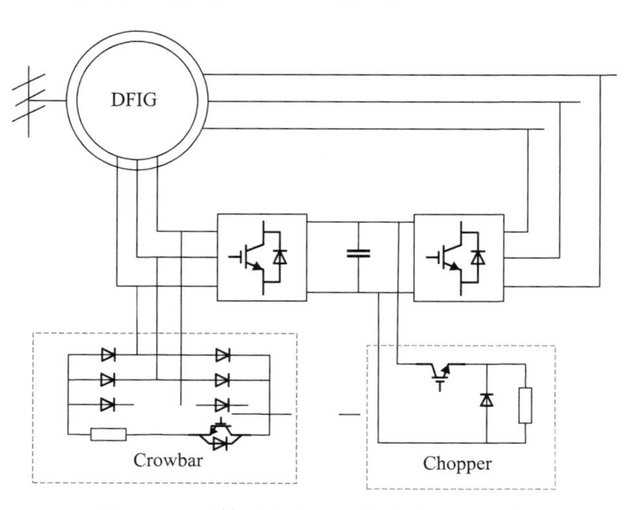

图 3.11　双馈风力发电机硬件保护装置图

Crowbar 保护电路与机侧变频器并联，通常采用转子电流或直流母线电压作为输入控制信号。当电流或电压超过设定的阈值时，Crowbar 启动。此时 Crowbar 电路中的旁路电阻短接转子回路，转子侧换流器失去控制作用，双馈风力发电机需从电网吸收无功功率。因此故障期间 Crowbar 装置会对双馈风力发电机输出的无功功率产生较大影响。Chopper 保护电路与直流侧母线电容器并联，通常以直流电压作为输入控制信号，Chopper 电路启动后相当于在直流母线电容两侧并联电阻。此时保护电路吸收多余能量，抑制直流侧母线电压抬高，转子侧换流器与网侧换流器能正常运行。

3.4 直驱风力发电机

永磁直驱风力发电系统的典型框图如图 3.12 所示，由发电机、机侧换流器、DC 电路、网侧换流器、控制模块(机侧和网侧控制模型)及保护模块(Chopper 控制模型、风机过电压保护)等构成[9]。

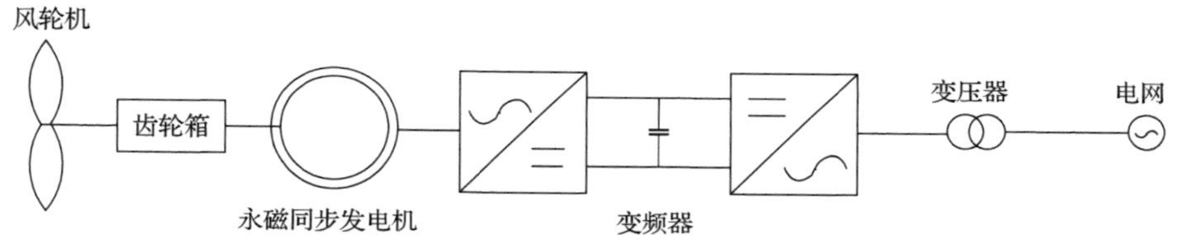

图 3.12 永磁直驱风力发电系统的典型框图

永磁直驱风力发电系统中，网侧控制器和保护装置基本与双馈感应发电机原理一致，采用双环控制结构——d 轴控制直流电压稳定，q 轴用来控制对外输出的无功功率为指定的值，内环接收外环输出的 dq 轴电流，考虑 dq 轴电流引起的交叉耦合，最终得到换流器 dq 轴电压参考值，换流器 dq 轴电压参考值提供给调制模块后，由调制模块输出换流器具体每一个阀的导通和关断信号，最终实现对换流器输出电压的控制。

在外界电网发生故障时，直驱风力发电系统将根据外界电压的跌落情况，进入故障穿越状态，将 q 轴无功计算切换到故障穿越通道，根据风力发电机的状态来确定风力发电机输出的无功功率，如图 3.13 所示，具体的过程如下。

(1) 首先判断风力发电机是否进入高低穿状态，当电压 U 在额定电压附近时，风力发电机不进入高低穿状态，dq 轴采用正常的控制模式。

(2) 如果 $U<U_{LV}$(判断进入低穿状态的电压阈值)或者 $U>U_{HV}$(判断进入高穿状态的电压阈值)，风力发电机进入了高低穿的故障穿越状态，风机控制系统将根据机端电压、运行工况等因素，按照电压根据指定的曲线计算出 q 轴无功电流指令值。

(3) d 轴电流指令一般由外环定直流电压控制策略给定，也可以按照风力发电机机端电压和指令曲线计算得到，有的风力发电机厂商按照一定比例的 q 轴电流来给定 d 轴电流(定功率因素)。

(4)高低穿期间，d 轴、q 轴及合成后电流的最大值都要受到换流器容量(允许的电流最大值 I_{max})的限制。

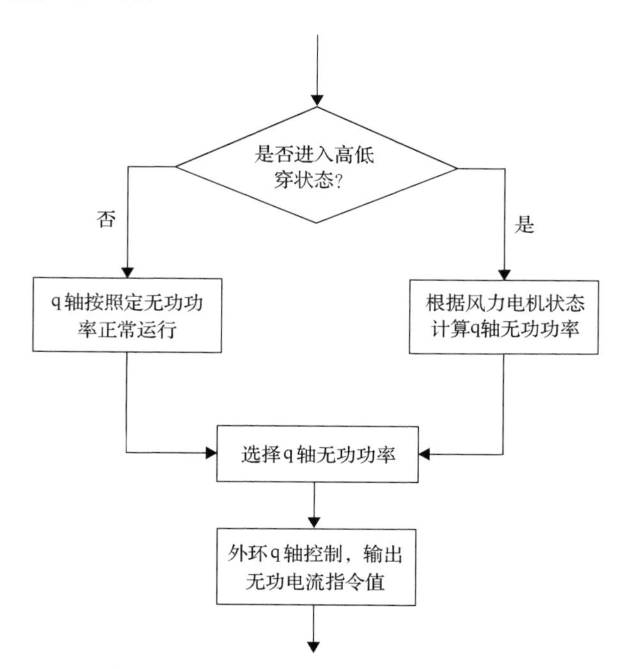

图 3.13 风力发电机故障穿越控制框图

3.5 光伏发电模型

三相光伏并网发电逆变器采用电压型三相桥式逆变器结构，如图 3.14 所示，i_d 为光伏电源输出电流；C_{DC} 为光伏电源出口侧滤波电容；L_f 为逆变器交流侧滤波电感；e_a、e_b、e_c 为逆变器交流侧电压；S_1～S_6 和 D_1～D_6 为功率开关及其反并联二极管。三相桥式逆变器具有电路拓扑简单、易于控制、功率开关电压应力低等

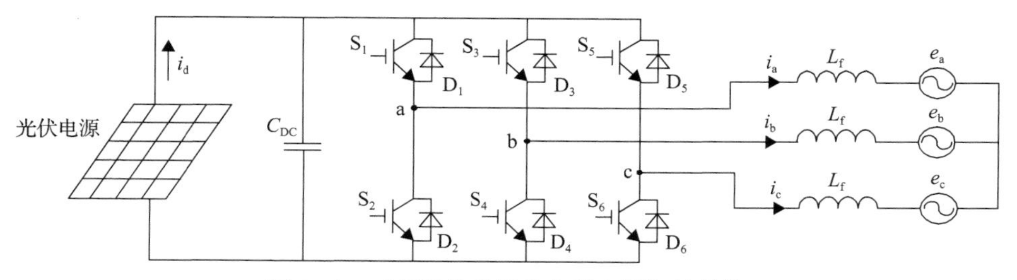

图 3.14 三相光伏并网发电逆变器拓扑结构

优点，不足之处是带不平衡负载的能力较弱[10]。

光伏的外环以有功功率/直流电压、无功功率为控制目标。图 3.15 为光伏三相逆变器典型的控制框图。与直驱风力发电机类似，外环控制 d 轴为直流电压控制，控制目的是实现光伏阵列的最大功率点跟踪，u_{ref} 为光伏电源在最大功率点时输出的电压，u_{dc} 为光伏电源的输出电压的实际值；外环的 q 轴为光伏输出的无功功率控制，提供内环 q 轴电流控制的参考电流。内环电流控制也是 PI 控制，也都需要添加 dq 轴电流引起的交叉项的影响。

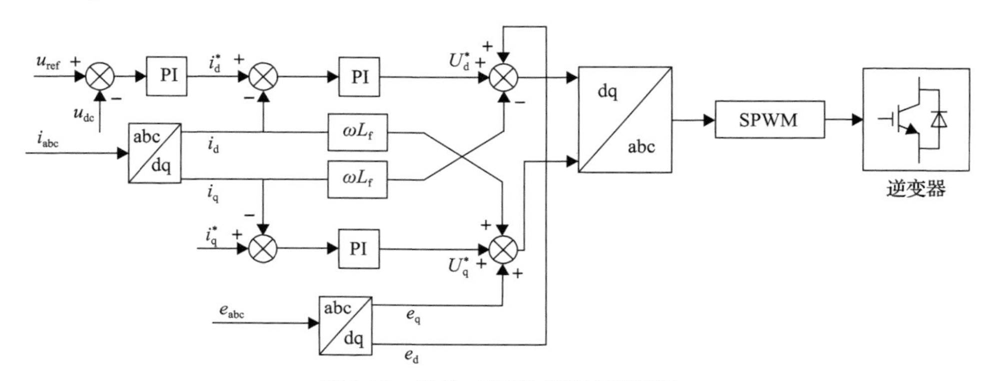

图 3.15　光伏三相逆变器控制框图

3.6　静止同步补偿器模型

静止同步补偿器(STATCOM 或 SVG)是一种并联型无功补偿的电力电子装置，它能够发出或吸收无功功率，可在动态电压控制、暂态稳定、电压闪变控制等方面改善电力系统功能，与传统的无功补偿装置相比，STATCOM 具有调节连续、谐波小、损耗低、运行范围宽、可靠性高、调节速度快等优点，自问世以来，便得到了广泛关注和飞速发展[11]。STATCOM 接入电网的等效电路如图 3.16 所示。

STATCOM 以电压源换流器为核心，直流侧采用直流电容器为储能元件，依靠 VSC 将直流电压转换成与电网同频率的交流电压，通过一个连接电抗器或耦合变压器并联接入系统。图 3.16 中，通常 VSC 交流输出电压 U_s 与电网电压 U_g 相位相同，如果 U_s 大于 U_g，那么 STATCOM 就向电网发出无功功率；如果 U_s 小于 U_g，那么 STATCOM 就从电网吸收无功功率。STATCOM 直流侧电容器仅起电压支撑作用，所以相对于 SVC 中的交流电容器容量要小得多。

目前 STATCOM 主电路一般采用 H 桥级联的链式结构，是当前技术的主要发展方向，拓扑结构如图 3.17 所示。这种拓扑结构采用级联的组成方式，技术成熟，易于模块化，冗余性好，可以避免使用多重化变压器而直接获得非常高的交流输出电压和优异的谐波特性，减小了占地面积，降低了成本。

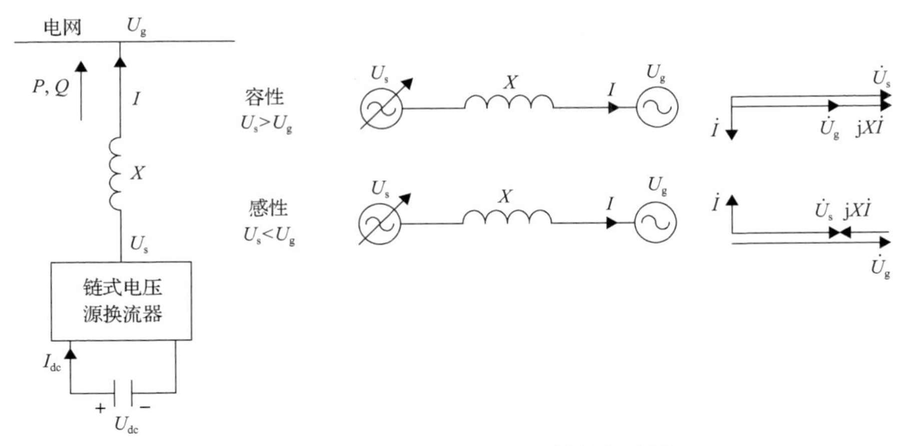

图 3.16　STATCOM 接入电网等效电路图

$P=\dfrac{U_sU_g}{X}\sin\delta$，$Q=\dfrac{U_g(U_s\cos\delta-U_g)}{X}$，$\delta$ 为 U_s 超前 U_g 的角度

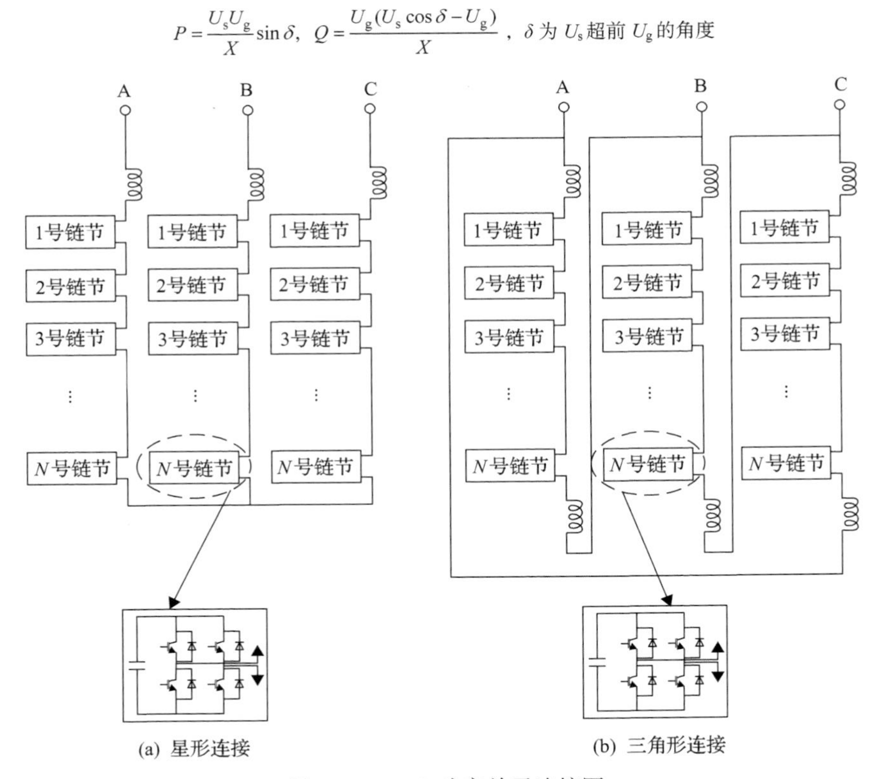

图 3.17　SVG 功率单元连接图

包含 STATCOM 控制器和主电路等效的统一电流控制框图如图 3.18 所示。图中，I_{sd}^*、I_{sq}^* 分别为接入点 d 轴、q 轴的电流指令值；I_{sd}、I_{sq} 分别为接入点 d、q

轴的电流测量值；U_{gd}、U_{gq} 为并网点 d 轴、q 轴的电压测量值；U_{sd}^*、U_{sq}^* 分别为并网点 d 轴、q 轴电压指令值；U_{sd}、U_{sq} 分别为换流器 d 轴、q 轴电压测量值，K_{p1}、K_{p2} 为比例系数，$1/(sL)$ 和 R 用于模拟外电路的影响。

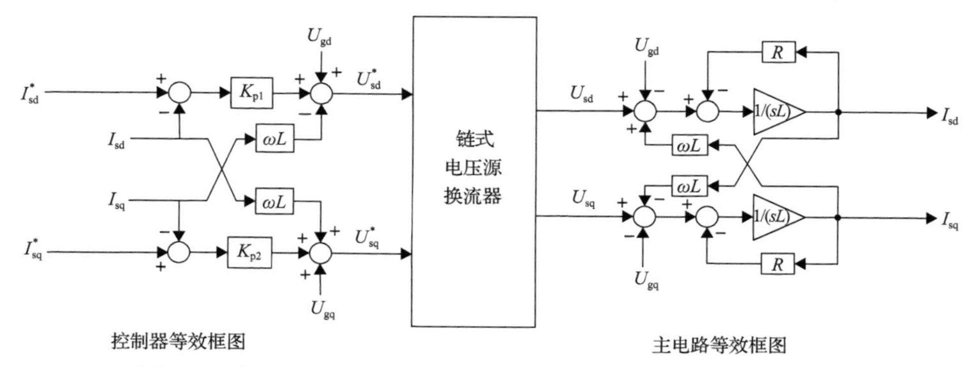

图 3.18 包含 STATCOM 控制器和主电路等效的统一电流控制框图

3.7 风电场的等效与建模

一个风电场的装机容量达到几百兆瓦级，甚至包括超过 100 台风机，图 3.19 为一个海上风电场典型的拓扑结构图。

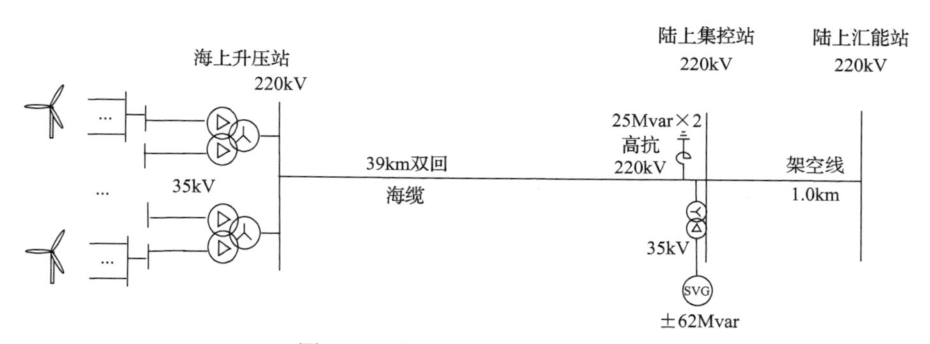

图 3.19 海上风电场拓扑结构图

该海上风电场装机容量为 300MW，包括单机容量 5.5MW 级风机组 55 台，建设海上风电场升压站、陆上集控站以及陆上汇能站。风电场内部采用两级升压方式，风机出口电压为 0.69kV，每台风机配 1 套机组升压设备，采用一机一变的单元接线方式。根据全场风电机组布置情况，机组高压侧采用 4～5 台风机为一个联合单元接线方式，55 台风机共分为 12 组，每 3 组为一回，共 4 回，接入 220kV 海上升压站的 35kV 侧。

国际上常见的电磁暂态程序无法仿真这种风电场规模，而全电磁暂态程序具备仿真所有风机、连接海缆、变压器、高抗及 SVG 的计算能力，但是 PSModel 仿真 55 台风机的计算量大，计算速度偏慢，对于大批量的扫描，计算资源消耗量很大。为了解决仿真速度慢的问题，需要在对 55 台风机完成全部建模的基础上，进行等效。

假设海缆采用 Π 形等值电路，以某升压站出口 35kV 所连 14 台风机为例进行说明，该 14 台风机及所串联的三条海缆分为三组，风机数目分别为 4 台、5 台、5 台。由于所连风机参数及变压器参数相同，假定各风机出力基本相同，需要将该 14 台风机等效为 1 台风机和变压器，按照“加权平均压降”相等的方法进行等效，具体原理如图 3.20 所示，DB1 表示节点。

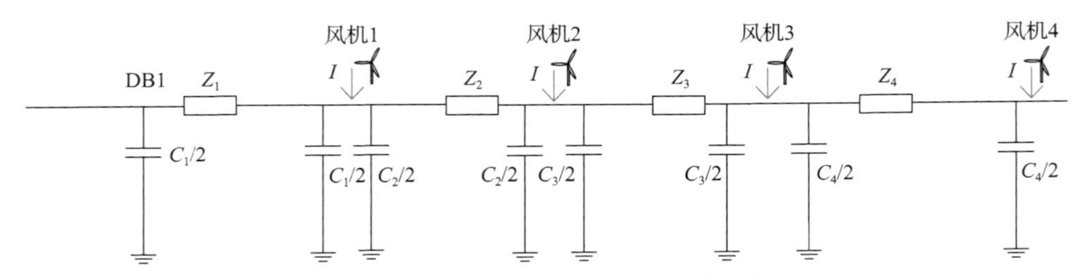

图 3.20　35kV 集电线路及风机的 Π 形等值电路

对于风机 1、2、3、4，到公共连接点的压降如下：

$$\begin{aligned}
\Delta U_1 &= 4IZ_1 \\
\Delta U_2 &= 4IZ_1 + 3IZ_2 \\
\Delta U_3 &= 4IZ_1 + 3IZ_2 + 2IZ_3 \\
\Delta U_4 &= 4IZ_1 + 3IZ_2 + 2IZ_3 + IZ_4
\end{aligned} \tag{3.17}$$

平均压降为

$$\Delta U_{\text{avg}} = \frac{\Delta U_1 + \Delta U_2 + \Delta U_3 + \Delta U_4}{4} \tag{3.18}$$

等值风机的压降为

$$\Delta U_{\text{equ}} = 4IZ_{\text{equA}} \tag{3.19}$$

如果两者相等，等效阻抗变为

$$Z_{\text{equA}} = Z_1 + \frac{9}{16}Z_2 + \frac{4}{16}Z_3 + \frac{1}{16}Z_4 \tag{3.20}$$

由于风电场内部电压基本相近，各风机出力相同，在忽略电压的微小差别时，等值风机对应的集电线路等值电容则可以表示为等值前场站内所有线路的对地电容之和。

$$C_{\mathrm{equA}} = C_1 + C_2 + C_3 + C_4 \tag{3.21}$$

上述电路可等效为如下电路(图 3.21)。

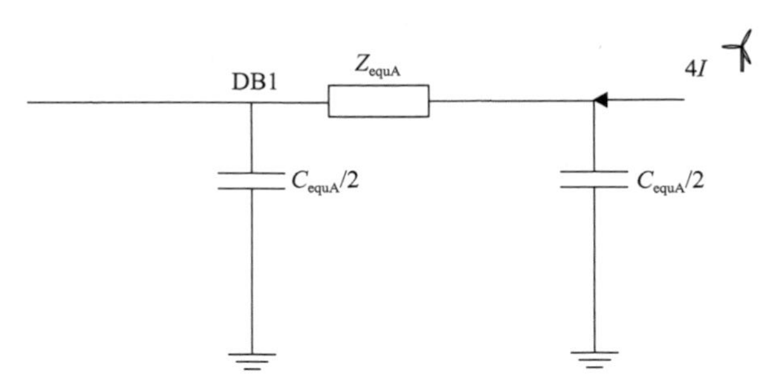

图 3.21　等效后的 Π 形等值电路

如果有多组并联的 Π 形等值电路，同样也可以按照等效后平均压降与实际压降相等的原则进行等效，假设有三组，可得

$$\begin{aligned}
&\Delta U = (4IZ_{\mathrm{equA}} + 5IZ_{\mathrm{equB}} + 5IZ_{\mathrm{equC}}) / 3 = 14IZ_{\mathrm{equ1}} \\
&Z_{\mathrm{equ1}} = (4Z_{\mathrm{equA}} + 5Z_{\mathrm{equB}} + 5Z_{\mathrm{equC}}) / 42 \\
&C_{\mathrm{equ1}} = C_{\mathrm{equA}} + C_{\mathrm{equB}} + C_{\mathrm{equC}}
\end{aligned} \tag{3.22}$$

上述等效方法，适用于风电场不同数量风机任意形式的串并联，保障了等效风机的电压降等于平均值，并且风电场馈线网络的充电功率基本不变。图 3.22 为 14 台风机等效为一台风机的示意图，整个风电场等效为 4 台风机。

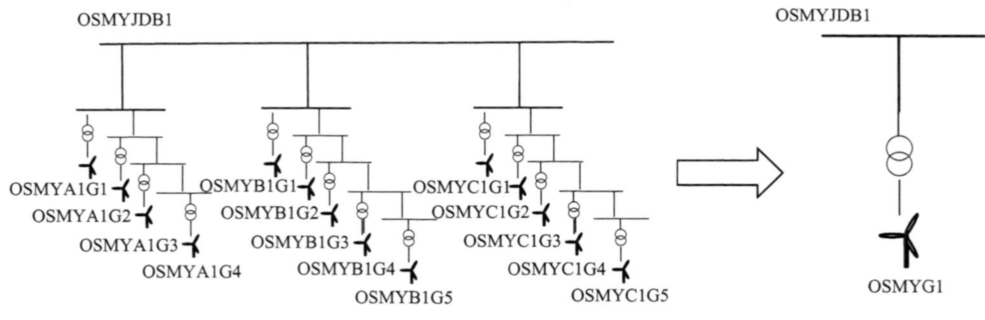

图 3.22　风机等值前后对比示意图

为验证上述等效方法在暂态情况下的有效性，设计两种风电场模拟方案，方案一是风电场模型由全部 55 台风机组成，方案二是风电场模型通过 4 台等值风机进行等效。两种方案均在 220kV 交流海缆处设置了相同的三相短路故障，对比其中

一组 14 台风机与 1 台等值风机的计算结果，机端电压波形的对比如图 3.23 所示，等值风机的机端电压基本与 14 台风机的电压一致，这种等效方法基本是正确的。

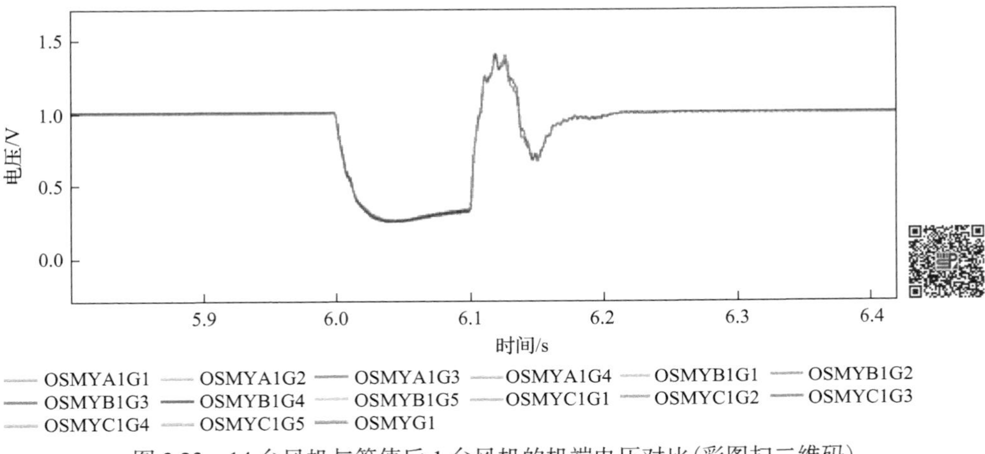

图 3.23　14 台风机与等值后 1 台风机的机端电压对比(彩图扫二维码)

3.8　本 章 小 结

随着含高比例新能源的新型电力系统建设的快速推进，规模化风电、光伏等新能源的大量并网已深刻地改变了电力系统的动态特性。如何基于单体光伏/风电详细的电磁暂态建立规模化的风电、光伏新能源场站的等值聚类模型成为大规模交直流混联电网建模和仿真中亟须解决的关键问题。

在本章中主要介绍了以下内容。

(1) 电压源换流器的核心锁相环的基本原理及几种常见的具备正负序分离能力的锁相环。

(2) 目前电网中最常见的双馈感应风力发电机、直驱风力发电机和光伏发电的基本结构、原理、控制与保护装置。

(3) 静止同步补偿器的基本结构、原理和内部控制。

(4) 针对风电场计算量过大的问题，介绍了一种“加权平均压降”的风电场等值方法。

参 考 文 献

[1] 李宁, 王跃, 雷万钧, 等. 三电平 NPC 变流器 SVPWM 策略与 SPWM 策略的等效关系研究[J]. 电网技术, 2014, 38(5): 1283-1290.

[2] 谢小荣, 贺静波, 毛航银, 等. “双高”电力系统稳定性的新问题及分类探讨[J]. 中国电机工程学报, 2021, 41(2): 461-475.

[3] 陈继开, 祝世启, 李浩茹, 等. 弱电网下并网逆变器锁相环优化方法[J]. 仪器仪表学报, 2022, 43(2): 234-243.
[4] 涂娟, 汤宁平. 基于改进型 DSOGI-PLL 的电网电压同步信号检测[J]. 中国电机工程学报, 2016, 36(9): 2350-2356.
[5] Golestan S, Monfared M, Freijedo F D. Design-oriented study of advanced synchronous reference frame phase-locked loops[J]. IEEE Transactions on Power Electronics, 2013, 28(2): 765-778.
[6] 贺益康, 胡家兵. 双馈异步风力发电机并网运行中的几个热点问题[J]. 中国电机工程学报, 2012, 32(27): 1-15.
[7] 訾鹏, 周孝信, 田芳, 等. 双馈式风力发电机的机电暂态建模[J]. 中国电机工程学报, 2015, 35(5): 1106-1114.
[8] 颜湘武, 崔森, 孙雪薇, 等. 双馈风力发电机组全运行工况与快速启动电磁暂态建模[J]. 电网技术, 2021, 45(4): 1250-1260.
[9] 尹明, 李庚银, 张建成, 等. 直驱式永磁同步风力发电机组建模及其控制策略[J]. 电网技术, 2007(15): 61-65.
[10] 姚为正, 付永涛, 芦开平, 等. 三相光伏并网逆变器的研究[J]. 电力电子技术, 2011, 45(7): 5-6, 16.
[11] 周建丰, 顾亚琴, 韦寿祺. SVC 与 STATCOM 的综合比较分析[J]. 电力自动化设备, 2007(12): 57-60.

第 4 章　常规直流及柔性直流数学模型

HVDC 输电技术始于 20 世纪 20 年代，随着电力电子元件的快速发展，HVDC 输电技术得到了快速的发展和广泛的应用。到目前为止，世界范围内已有 100 余项直流输电工程投运。直流输电的发展先后经历了汞弧阀换流时期、晶闸管阀换流时期、可关断器件换流时期三个阶段。

基于晶闸管技术的电网换相换流器(line commutated converter，LCC)的高压直流(LCC-HVDC)技术，经过 40 多年的发展，技术已经非常成熟。LCC-HVDC 在我国的应用和发展时间相对较晚，但由于我国能源与负荷的逆向分布，其在我国具有广阔的应用前景：自 1987 年舟山直流输电工程投运以来，我国已投运和在建的 LCC-HVDC 工程有 30 多项。其中，昌吉—古泉±1100kV 特高压直流输电工程在传输容量(12GW)、电压等级(1100kV)和送电距离等方面均处于世界最高水平。

模块化多电平换流器(modular multilevel converter，MMC)最早由德国 Marquardt 教授于 2001 年提出并申请专利。它由多个结构相同的子模块(sub-module，SM)级联构成，子模块的结构可以分为半 H 桥型、全 H 桥型和双钳位型三种。模块化多电平换流器已成为基于 VSC 的高压直流(VSC-HVDC)的首选换流器拓扑。我国建成的上海南汇柔性直流工程、南澳三端柔性直流工程、舟山五端柔性直流输电工程、厦门柔性直流工程、渝鄂直流背靠背联网工程、张北四端柔直工程都采用 MMC 结构。2020 年建成投产的昆柳龙直流工程(全称乌东德电站送电广东广西特高压多端柔性直流示范工程)，采用更加经济、运行更为灵活的多端直流系统，将云南水电分送至广东、广西，创造了 19 个世界第一：世界上容量最大的特高压多端直流输电工程、首个特高压多端混合直流工程、首个特高压柔性直流换流站工程、首个具备架空线路直流故障自清除能力的柔性直流输电工程等；而 2022 年 7 月投运的白鹤滩—江苏±800kV 特高压直流工程，是世界上首个受端常规直流与多端柔直混合级联的特高压直流工程。目前中国直流工程的主要设备自主化率达 100%，无论是电压等级、输送容量、送电距离、工程数量、拓扑多样性、直流控保的复杂程度还是规划运行中对特高压直流的仿真能力，都已经远远领先于世界。

4.1　常规直流输电系统构成及控制

LCC-HVDC 是由两个或多个换流站通过高压直流输电线路连接起来的一种结构，在控制保护系统的作用下，完成换流器的换相，实现电能的转换与传送。高压直流输电系统常见的为两端系统，包含整流侧、逆变侧以及连接整流侧和逆变侧的直流线路。LCC-HVDC 将发电厂发出的交流电经整流器变换成直流电，通过直流线路输送至逆变器，通过逆变器将直流电变换成交流电输送到受端交流电网，完成电能的传输。两端特高压直流输电系统的基本结构示意图如图 4.1 所示。

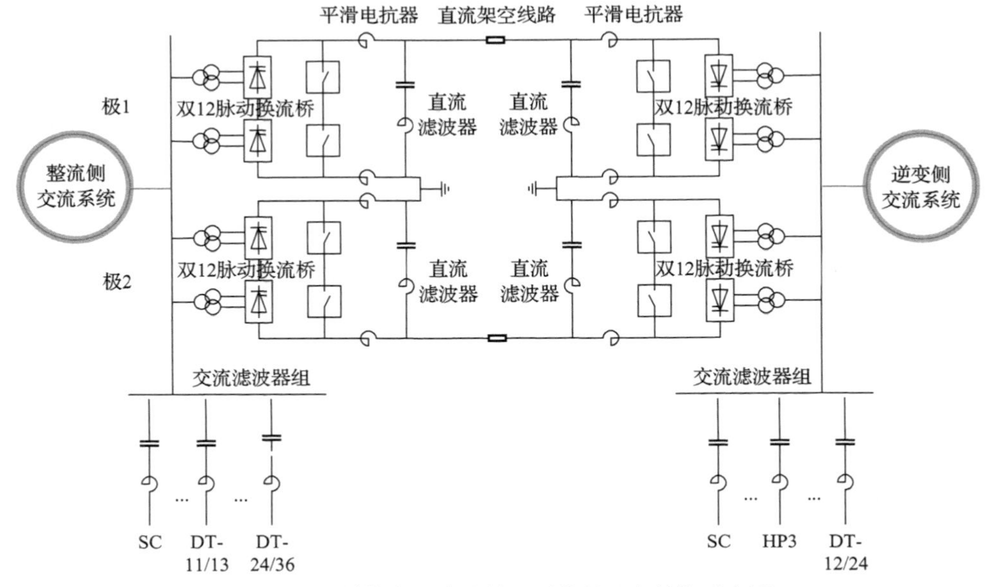

图 4.1　两端特高压直流输电系统的基本结构示意图

SC、DT-11/13、DT-24/36、HP3、DT-12/24 为不同类型的滤波器

图 4.1 中，整个直流系统可粗略划分为整流侧交流系统、逆变侧交流系统、直流系统三大部分，整流侧和逆变侧交流系统由换流变压器、双 12 脉动换流桥、交流滤波器组以及各种开关和避雷器组成，直流系统包括正负极线路、接地线路和接地极、平波电抗器、直流滤波器组等。

特高压分层直流是目前世界上输送容量最大、输电距离最长的特高压直流输电工程，增加了受端落点(不同的电压等级或具有一定的电气距离)，可有效疏散受端系统的潮流。图 4.2 为逆变侧正负极的两个双 12 脉动换流桥分割成两部分——高端和低端，分别接入 500kV 和 1000kV 交流系统。

多端直流输电(multi-terminal HVDC，MTDC)系统是指三个及以上换流站通过一定连接方式构成的输电系统，可实现多电源供电、多落点受电，是一种更为灵活的输电方式。多端直流一般通过柔性直流输电形式来实现，按照接线方式的不同，一般多端直流输电的拓扑结构可分为并联型、串联型和混合型等几种形式，每种结构形式有不同的运行控制特性，通过控制换流站不同的电气量来达到功率分配的目的。以并联型和串联型为例，多端直流输电系统如图 4.3 所示。

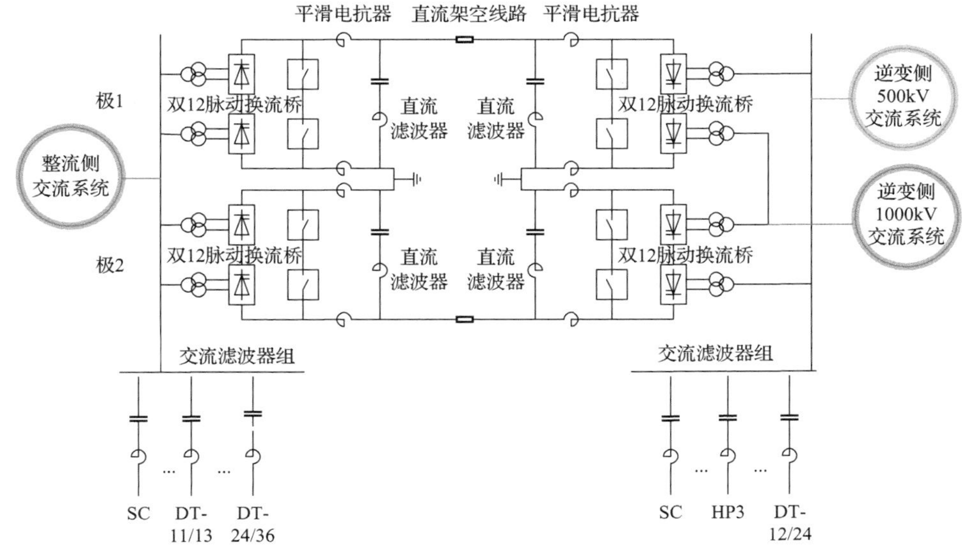

图 4.2　分层接入的特高压直流输电系统的基本结构示意图

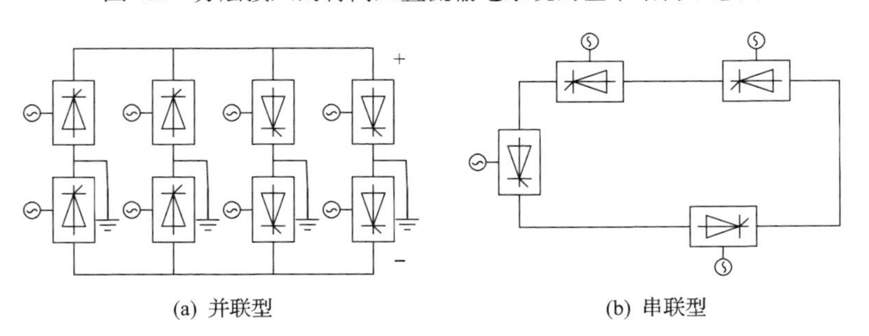

图 4.3　多端直流输电系统并联型和串联型示意图

并联型多端直流输电系统各换流站直流侧并联连接，各站电压等级相同，主要通过调节各站的输出电流来实现系统功率分配。为保证系统有稳定的运行点，稳态下应只有一个站控制系统的直流电压，其他各站均控制本站的输出直流电流。并联型多端直流输电系统无论是全站稳态运行还是在个别站退出的运行情况下均可保证各整流站触发角和逆变站关断角保持在较小的浮动范围，使稳态下各站无功需求保持在尽可能小的状态，减小换流站对交流系统的无功需求，减少了换流阀数量，提高了设备利用率，同时提高了系统的运行稳定性，增大暂时性故障清除的可能性，加快故障恢复速度。

与并联型多端直流输电系统相反，串联型多端直流输电系统各换流站串联连接，流过相同的直流电流，一般由一个换流站来控制系统的直流电流，其他各站通过控制各站直流电压来实现功率分配，这种功率调节方式也决定了各整流站触发角和逆变站关断角会有较大范围的波动，稳态和暂态均可能工作于较大的整流站触发角和逆变站关断角下，增大对交流系统的无功需求，提高了滤波器和无功补偿成本，增加了换流阀需求，降低了设备利用率，经济性较差，同时也不利于故障的恢复。

从调节范围、故障运行方式、绝缘配合及扩建灵活性等角度考虑，采用并联系统较串联系统有较大优势。

换流器(converter)是常规特高压直流输电系统的核心设备，由换流阀和带分接头的换流变压器组成，主要功能是实现三相交流与直流之间的电能转换。现代特高压直流一般采用双 12 脉动换流阀，一个 12 脉动换流器可看作由两组 6 脉动换流器(图 4.4)串联构成，与它们连接的换流变压器的联结组别分别为 Y_0/Y 和 Y_0/△。换流器为三相桥式结构，每个桥臂由串联的多只晶闸管及均压阻尼回路组成，6 个阀的桥式结构也可称为 6 脉动阀组。交流系统三相等值电势为换流器的换相电压，经换流变压器分别接入上桥臂的阳极和对应的下桥臂的阴极。

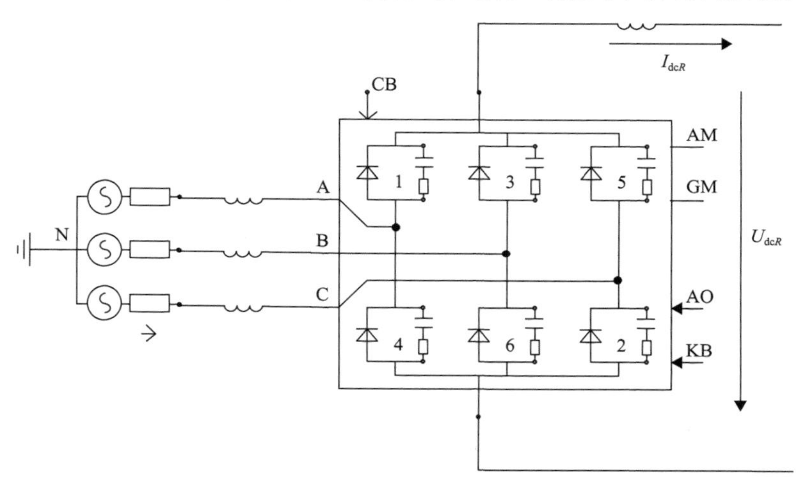

图 4.4　常见的 6 脉动换流器原理接线图

AM 为触发角测量值；GM 为熄弧角测量值；AO 为触发角指令；KB 为解锁/闭锁信号；CB 为 ComBus 的简写；I_{dcR}、U_{dcR} 为整流侧直流电流、电压

直流输电系统成套设计的重要基础原则之一就是配合两端交流系统的运行条件，交流系统决定了直流主回路和主设备参数的设计，以及基本的直流输电系统控制策略。交流电压的变化在直流输电系统实时控制中是最重要的因素。

如果不计触发角及换相过程，换流器输出的理想空载直流电压与交流电压的关系如下：

$$U_{d0}=\frac{\int_0^{2\pi}u_{d}(\omega t)\mathrm{d}(\omega t)}{2\pi}=\frac{3\sqrt{2}}{\pi}E \tag{4.1}$$

式中，E 为换流变压器阀侧绕组线电压有效值；U_{d0} 为理想空载直流电压。

如果计及触发角 α 和换相过程，对于整流侧，直流稳态电压计算如下：

$$U_{\mathrm{dr}}=U_{\mathrm{dr0}}\cos\alpha-\frac{3X_{\mathrm{c}}I_{\mathrm{d}}}{\pi}=U_{\mathrm{dr0}}\cos\alpha-\mathrm{dx}_{\mathrm{r}}I_{\mathrm{d}} \tag{4.2}$$

式中，U_{dr} 为整流侧直流稳态电压；U_{dr0} 为整流侧理想空载直流电压；X_{c} 为换流变压器漏抗；I_{d} 为直流电流；$\mathrm{dx}_{\mathrm{r}}=3X_{\mathrm{c}}/\pi$ 为一个单位直流电流在换相过程中引起的直流电压降，也称为比换相压降。

对于逆变侧有

$$U_{\mathrm{di}}=U_{\mathrm{di0}}\cos\gamma-\frac{3X_{\mathrm{c}}}{\pi}I_{\mathrm{d}}=-U_{\mathrm{di0}}\cos\alpha+\mathrm{dx}_{\mathrm{i}}I_{\mathrm{d}} \tag{4.3}$$

式中，γ 为熄弧角；$\mathrm{dx}_{\mathrm{i}}=-3X_{\mathrm{c}}/\pi$；$U_{\mathrm{di0}}$ 为逆变侧理想空载直流电压。

由式(4.2)和式(4.3)可以看出，整流和逆变的触发角 α 是影响直流电压的主要因素，直流控制系统最关键的部分就是围绕这两个触发角完成对直流运行的控制。

直流控制系统是直流输电系统的中枢，它控制着交/直流功率转换和直流功率输送的全部过程，全天候监控着整个直流系统，并快速应对交/直流系统的扰动和故障；其核心任务是严格按照需要的时刻产生晶闸管的导通触发控制信号，与换流器的阀控系统正确接口，通过换流阀及晶闸管的本体控制装置对晶闸管元件的控制极产生注入电流；按照需要的时刻产生换流器关断的必要条件。通过控制整流器与逆变器的触发脉冲便可以控制换流器直流端的电压、电流和功率输出。

控制系统一般采用分层结构，将直流输电换流站和直流输电线路的全部控制按照等级分为若干层。现代直流输电控制系统从高层次等级至低层次等级分别为系统控制级、换流站控制级、双极控制级、极控制级、换流器控制级、换流阀或单独控制级。图 4.5 所示为直流输电控制系统的分层结构框图。在直流系统各换

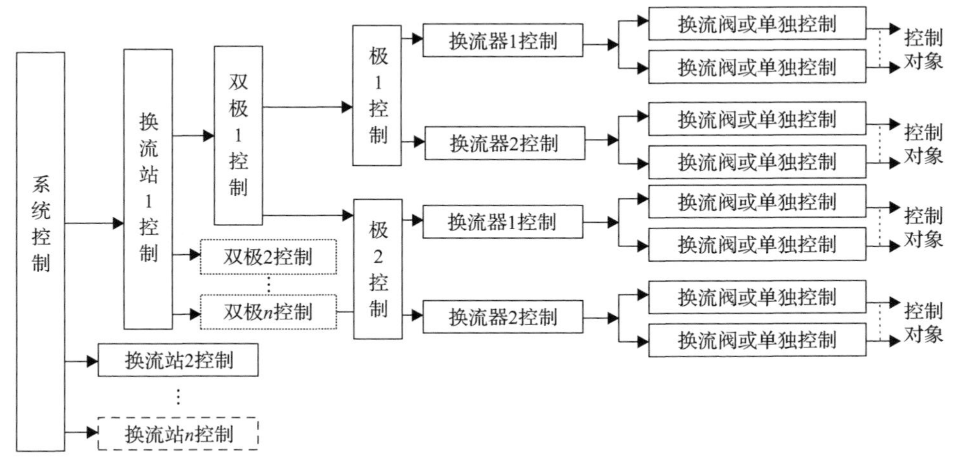

图 4.5　直流输电控制系统分层结构框图

流站中需指定其中的一个为主控制站，其他为从控制站。系统控制级和双极控制级设置在主控制站中，通过通信系统传输控制指令来协调各换流站的运行。

1. 换流阀控制级

换流阀控制级是直接控制换流阀的控制层级，由低电位控制单元(阀基电子电路(value base electronics，VBE))和高电位控制单元(晶闸管电子电路(thyristor electronics，TE))构成，其主要功能有：①将上级控制器送来的触发信号进行变换处理来触发换流阀；②晶闸管元件和组件的状态监测，包括阀电流过零点、高电位控制单元中直流电源的监视。

2. 换流器控制级

换流器控制级，用于触发相位控制，主要方式有：定电流控制；定电压控制；定关断角控制；触发角、直流电压、直流电流最大值和最小值限值控制以及换流单元的解锁与闭锁顺序控制。

3. 极控制级

极控制级为直流输电一个极的控制层次。为了避免双极直流系统故障时两极的相互影响，要求两极设置独立的控制任务。极控制级主要功能有：①计算向换流器控制级提供电流整定值控制直流输电的电流；②直流功率控制，根据双极控制级分配的功率整定值和实际直流电压值决定直流电流整定值，功率控制单元设置在主控制站内等。

4. 双极控制级

双极控制级为直流输电两个极的控制层次，主要协调双极的运行方式使其更合理，其主要功能有：①根据实际分配双极功率；②控制功率传输方向；③双极电流平衡控制；④换流站无功功率和交流电压控制等。

5. 换流站控制级

换流站控制级的主要功能有：进行直流场、阀厅、换流变压器、平波电抗器等区域的设备监控，顺序控制和联锁，无功功率控制，以及双极功率协调控制。工程中，常将站控制级与双极/极控制级统一设计。

6. 系统控制级

系统控制级为最高控制级，主要功能有：①根据调度中心指令分配各回路输电功率；②紧急功率支援控制；③各种控制，包括电流控制、功率控制、阻尼控制和频率控制等。

上述为直流各分层控制功能，直流仿真中需要重点考虑极控制级和整流侧、逆变侧的换流器基本控制。

常规直流的控制系统有 ABB 和西门子两套基本思路，引入中国后经过长期的完善和改进，形成了基于 ABB 的实际直流控制系统和基于西门子的实际直流控制系统两大类模型。这两类控制系统在技术特点上存在差异：ABB 控制器采取限幅环节实现各个控制器之间的协调，其稳态控制方式为整流侧采用定电流/定功率控制、逆变侧采用定熄弧角控制并配有定电压控制；西门子控制器采取定电流、定电压、定熄弧角的偏差选择来实现控制器之间的协调，其稳态控制方式为整流侧定电流、逆变侧定电压的控制方式。图 4.6 和图 4.7 分别为 ABB 限幅型直流控制系

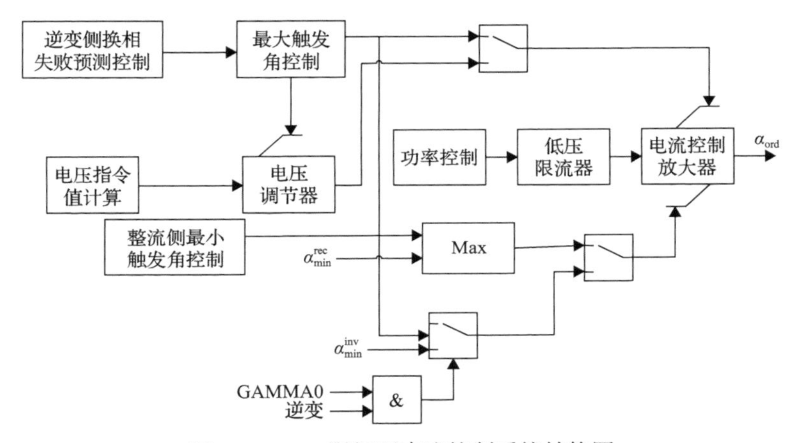

图 4.6 ABB 限幅型直流控制系统结构图

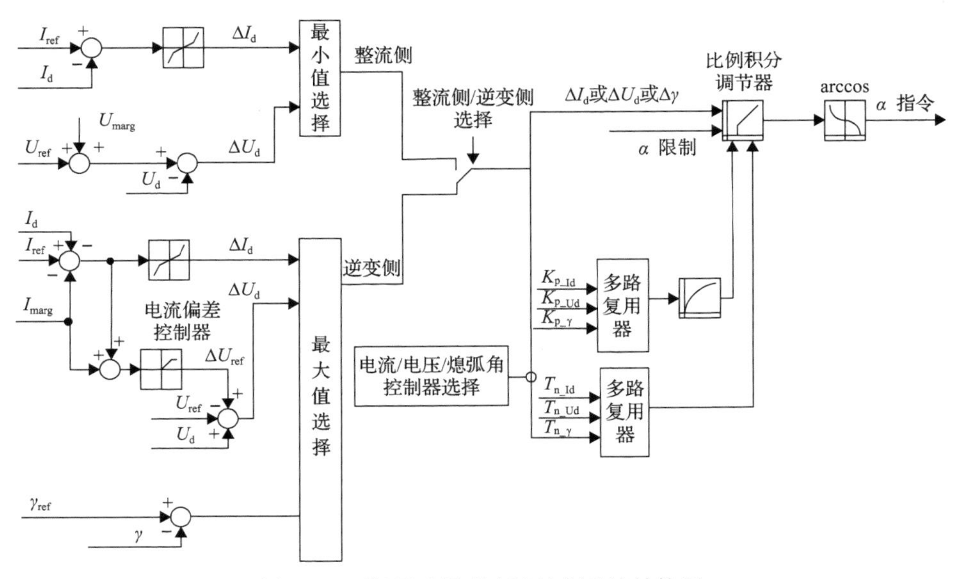

图 4.7 西门子选择型直流控制系统结构图

统结构图和西门子选择型直流控制系统结构图。图 4.6 中，$\alpha_{\min}^{\mathrm{rec}}$ 为整流侧触发角指令最小值，$\alpha_{\min}^{\mathrm{inv}}$ 为逆变侧触发角指令最小值，GAMMA0 为 GAMMA0 环节启动信号，α_{ord} 为触发角指令。图 4.7 中，$T_{\mathrm{n\_Id}}$ 为定直流电流控制器积分时间常数，$T_{\mathrm{n\_Ud}}$ 为定直流电压控制器积分时间常数，$T_{\mathrm{n\_\gamma}}$ 为定熄弧角控制器积分时间常数；$K_{\mathrm{p\_Id}}$ 为定直流电流控制器比例系数，$K_{\mathrm{p\_Ud}}$ 为定直流电压控制器比例系数，$K_{\mathrm{p\_\gamma}}$ 为定熄弧角控制器比例系数，U_{marg} 为直流电压控制裕度，I_{marg} 为直流电流控制裕度，I_{ref} 为电流参考值。

ABB 限幅型控制器通过对电流控制输出触发角 α 的上下动态限幅，实现不同的控制功能。控制系统的主要控制流程为主控环节根据所设定的输送功率参考值 P_{ref} 依据当前的直流电压，计算电流指令 I_{o}(若选择为定电流模式则直接给出电流参考值)；低压限流控制环节根据 I_{o} 与当前直流电压对 I_{o} 进行限幅，送入电流控制环节；在电流控制环节中，电流指令与实测值做差，考虑逆变侧一定的电流裕度，计算返回一次系统的触发角 α。

西门子选择型控制器采用选择输入的逻辑来实现三个控制器的协调配合。三个控制器合用一个比例积分调节器。整流运行时，选取电流偏差(ΔI_{d})和电压偏差(ΔU_{d})中的较小值作为调节器的输入。逆变运行时，选择ΔI_{d}、ΔU_{d}和$\Delta\gamma$中的最大值作为调节器的输入。使用同一个 PI 调节器可确保输出的触发角指令在任何情况下都不会发生突变。在不同的运行模式(整流/逆变)下，选取不同的输入值($\Delta I_{\mathrm{d}}/\Delta U_{\mathrm{d}}/\Delta\gamma$)时，PI 调节器的比例常数和积分常数不同。调节器的最终输出为触发角指令。

常规高压直流输电系统基本控制方式有三种，分别是定电流/定功率控制、定直流电压控制和定熄弧角控制，除此之外，还有整流侧最小触发角控制、低压限流、逆变侧换相失败预测、GAMMA0 等控制环节。

正常运行时整流侧采用定电流/定功率控制，逆变侧采用定关断角控制并配备有定直流电压控制；当整流侧交流电压降低或逆变侧电压升高时整流侧进入最小触发角控制；逆变侧对直流电流进行控制，其整定值比整流侧小 0.1p.u.，即基本的电流裕度控制，定功率控制、频率控制、阻尼控制等都是在这个基础上设置的。

7. 定电流控制

在直流系统中，电流控制器处于核心地位，定电流控制器(current control amplifier，CCA)主要用于发出换流器的触发角指令，实现直流定电流控制。其控制结构如图 4.8 所示。

图 4.8 中，ID_PU 为直流电流测量值，IORD_LIM 为限幅后的电流指令，RECT 为整流侧或逆变侧选择，K_{p} 为 PI 控制器放大倍数，ALPHA_ORD 为触发角指令。

8. 定电压控制

电压控制包括电压整定值计算和定电压调节器(voltage control amplifier，VCA)

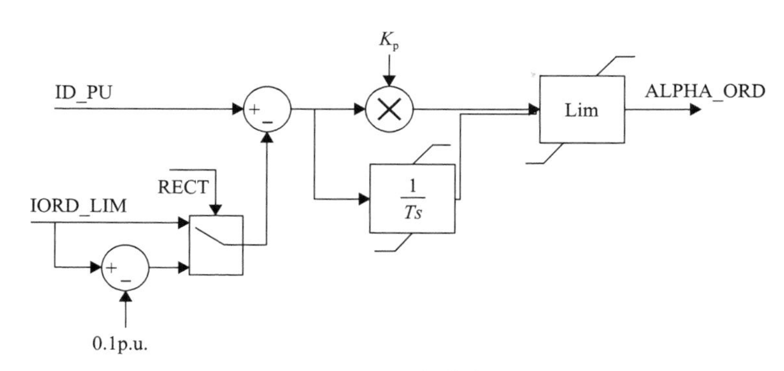

图 4.8　CCA 控制框图

两部分。电压整定值计算环节主要为定电压调节器计算电压指令值，一般采用在额定电压的基础上叠加偏移量(UD_OFFSET)作为最终的电压指令值,其控制环节如图 4.9 所示。

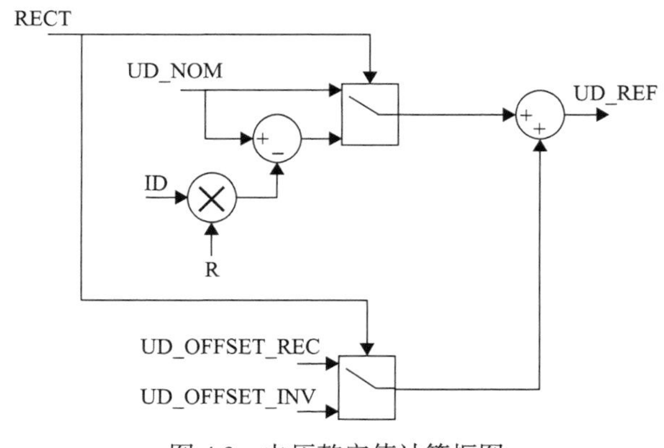

图 4.9　电压整定值计算框图

图 4.9 中, UD_NOM 为直流电压整定值, ID 为直流电流, R 为直流线路电阻, UD_OFFSET_REC/ UD_OFFSET_INV 为整流侧电压偏移量/逆变侧电压偏移量, UD_REF 为直流电压目标值。

在额定电压基础上叠加偏移量，使得电压指令设置值比运行电压高，避免了正常运行时对变压器分接头调节的影响，因此在正常运行方式下 VCA 通常不起作用; 但是当交流电压快速上升时, VCA 将动作抑制直流过电压; 当降压运行时, 电压指令减小, VCA 将保持直流电压为较低值，整流侧的指令稍高一些，保证了逆变器的电压控制。VCA 控制模型如图 4.10 所示。

图 4.10 中，UD_PU 为直流电压测量值，UD_REF 为直流电压参考值，ALPHA_VCA 为 VCA 输出的触发角指令值。

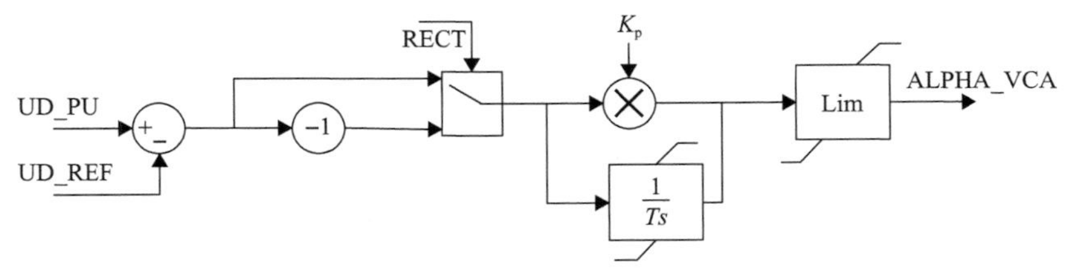

图 4.10　VCA 控制框图

9. Alphamax 逆变站控制(AMAX)

AMAX 的主要功能为限制逆变侧触发角最大值，防止熄弧角过小发生换相失败。其控制框图如图 4.11 所示。

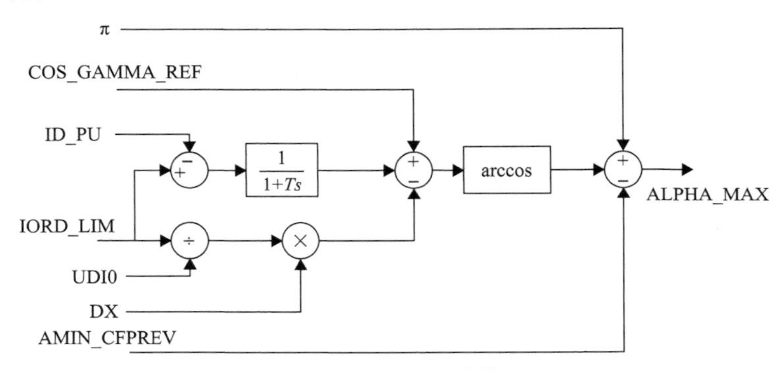

图 4.11　AMAX 控制框图

图 4.11 中，COS_GAMMA_REF 为熄弧角指令值；ID_PU 为直流电流测量值；IORD_LIM 为限幅后的电流指令值；UDI0 为空载直流电压；DX 为换流变压器漏抗；AMIN_CFPREV 为换相失败预测输出的角度。

AMAX 求解超前触发角 β 所使用的公式为

$$\beta = \arccos\left(\cos\gamma_0 - 2\cdot \mathrm{dx}\cdot \frac{I_{\mathrm{d}}}{I_{\mathrm{dN}}}\cdot \frac{U_{\mathrm{di0N}}}{U_{\mathrm{di0}}}\right) \tag{4.4}$$

式中，β 为超前触发角；γ_0 为熄弧角参考值；dx 为换流器相对感性压降；I_{d} 和 I_{dN} 分别为直流电流指令值及其额定值；U_{di0} 和 U_{di0N} 分别为理想空载直流电压及其额定值。

根据式(4.4)计算得到的 β，可使逆变侧运行在定 Gamma 状态，继而求取相应的触发角 ALPHA_MAX。

10. 低压限流

低压限流(voltage dependent current order limiter，VDCOL)的功能是在交流系

统出现干扰或干扰消失后使系统保持稳定；在交直流故障切除后，为快速、可控的再启动创造条件；在连续换相失败时避免阀过电压；防止恢复过程中发生连续换相失败。

VDCOL 的静态特性如图 4.12 所示。VDCOL 向电流控制放大器输入可执行的电流指令，VDCOL 对 U_d/I_d 特性的影响如图 4.13 所示，它可以根据交直流电压的大小动态调整直流电流指令值，在一定程度上可预防换相失败的发生和改善系统的恢复特性。

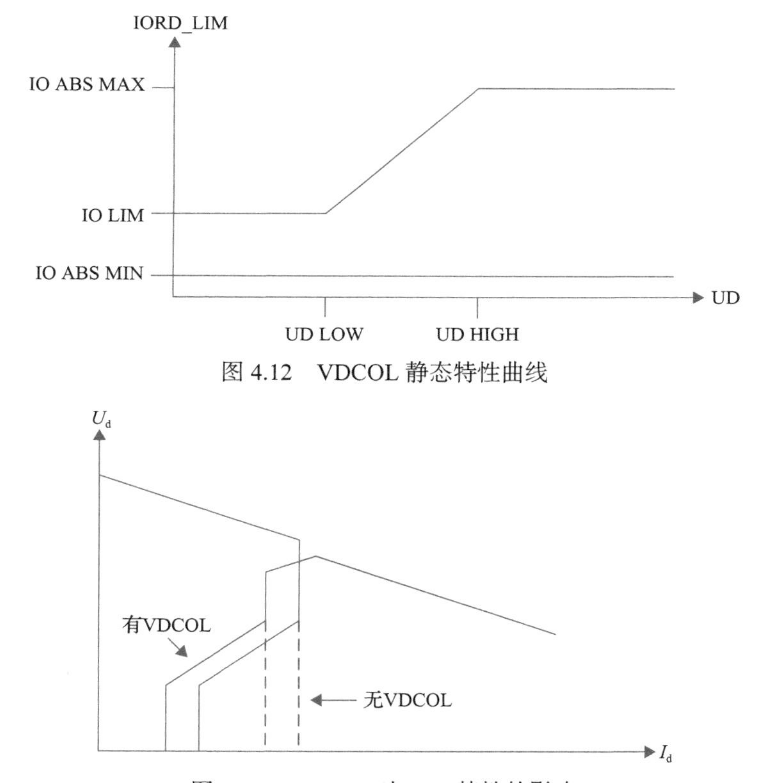

图 4.12　VDCOL 静态特性曲线

图 4.13　VDCOL 对 U_d/I_d 特性的影响

根据 VDCOL 调节器的基本原理，仿真模型中 VDCOL 调节器结构如图 4.14 所示。

从图 4.14 可见，VDCOL 电流指令将根据直流电压的大小动态调整，控制逻辑中设置了一个电流指令最小限制值(IO ABS MIN)，它主要是用于防止直流系统运行在太低的电流值而造成断流。IO ABS MIN 通常设为 0.1p.u.。同时，VDCOL 功能还设置了一个电流指令最大限制值(IO ABS MAX)，IO ABS MAX 取决于直流系统的最大过负荷能力。图 4.14 中，K 为比例系数；RECT TUP 为整流侧上升时间常数；INV TUP 为逆变侧上升时间常数；IO 为电流指令；IO LIM 为电流指令最小值；TDOWN 为下降时间常数；TUP 为上升时间常数。

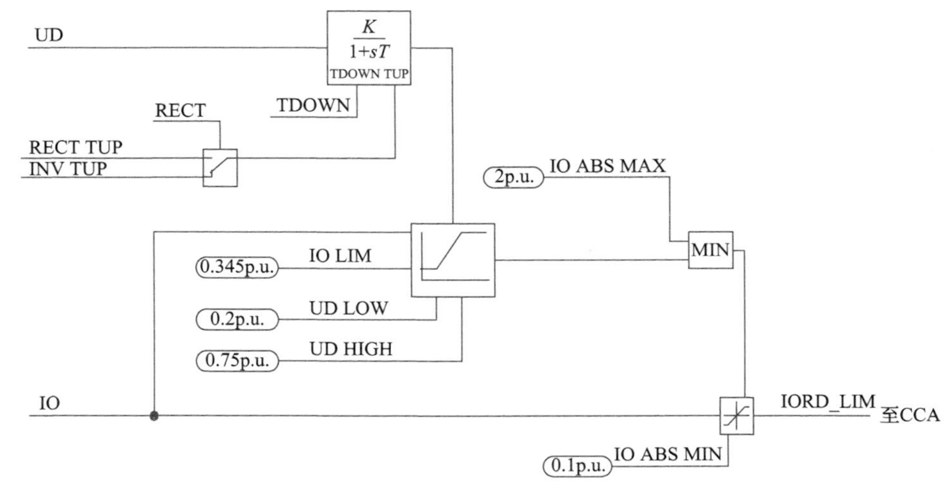

图 4.14　VDCOL 调节器结构图

如果由于某种原因，直流电压 UD 下降至 UD HIGH 以下，电流指令也开始下降。如果当前直流电流大于电流指令最大限制值，VDCOL 输出的电流指令(IORD_LIM)将等于电流指令最大限制值。另外，电流指令的降低将使直流系统的无功功率损耗降低，这也有助于在逆变侧交流系统故障时，防止交流电压不稳定。如果逆变侧的交流系统较强，可适当降低 UD HIGH(即降低启动 VDCOL 的门槛电压值)。另外，在设置 UD HIGH 时，还必须考虑降压运行以及其他可能会降低直流电压的运行模式，如定无功功率控制。当直流电压下降至小于 UD LOW 时，电流指令将不再随直流电压的下降而下降，并保持在 IO LIM。通常将 IO LIM 设为 0.3p.u.。

11. 整流侧最小触发角控制

直流工程中整流站最小触发角限制环节(RAML)的控制逻辑为当整流站发生交流故障时，α 会在 CCA 的作用下快速降低到允许的最小值 5°，当故障消失、交流电压恢复后，如果 α 太小直流电流会恢复得很快。为防止这种情况的发生，引入 RAML。如果交流系统故障，导致电压降低，则发出以一整定速率减小的触发角指令作为整流侧 CCA 的限幅，以限制触发角过小引起的恢复期过应力。

根据上述 RAML 控制器的基本原理，仿真模型中 RAML 控制如图 4.15 所示。其中，RAML_ON 为功能启动标志，DL_LEVEL/CDL_LEVEL 为交流电压检测阈值，RAML_ALPHA 为 RAML 环节最终输出的角度，RAML_DECR 为触发角下降速率。

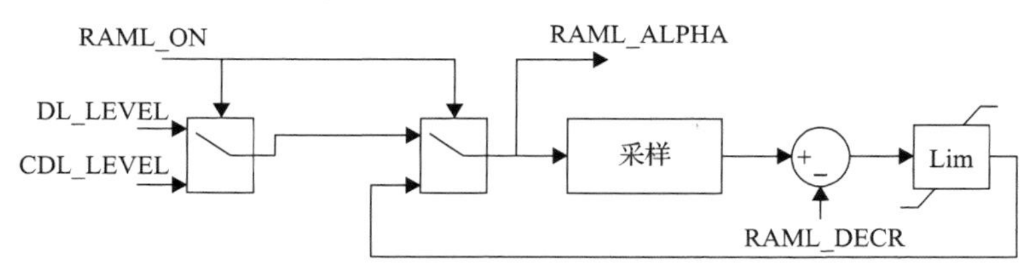

图 4.15　RAML 控制框图

12. 逆变侧 GAMMA0 控制

当逆变侧交流电压发生故障时，检测到电压低于阈值，将快速增大触发角，即减小关断角，维持逆变侧直流电压的稳定，等待交流电压的恢复。该功能输出的指令将送至 CCA 的限制环节，使逆变侧的触发角指令进入 AMAX 范围，用于逆变侧直流电压、交流电压的瞬时故障，利于故障后的迅速恢复。

根据上述 GAMMA0 控制器的基本原理，主要在 UD_LOW 检测直流电压阈值，当满足条件后，经过延时等环节最终输出 GAMMA0 信号并送至 CCA，其控制框图如图 4.16 所示。

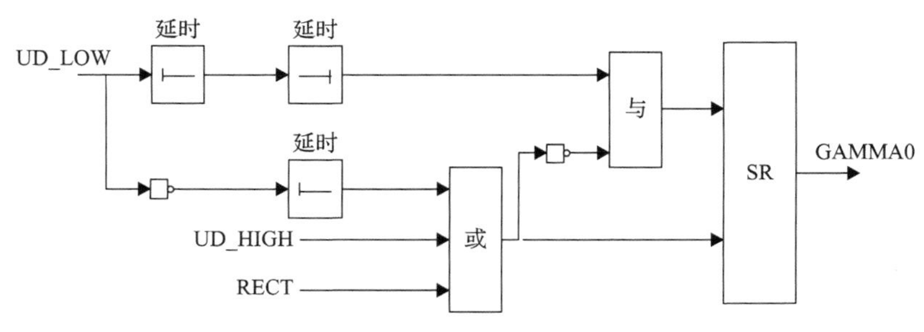

图 4.16　GAMMA0 控制框图

13. 换相失败预测控制

为降低交流故障的风险，引入换相失败预测(CFPREV)，包括两个并列部分：一部分是进行三相交流电压的零序检测，检测换相电压三相相量和，当其不为零时，认为发生了单相故障；另一部分是基于三相电压的 αβ 变换，当单相交流电压故障时，其 αβ 的矢量和与稳态相比将减小。当两种故障发生，其检测结果大于阈值时，产生换相失败预测的触发角增量 AMIN_CFPREV。

交流故障会使换相失败预测功能的输出值增加，逆变器最大触发角调节器的输出触发角指令值减小，以实现提前触发，增加对换相失败的抵御能力。

根据上述换相失败预测功能的基本原理，仿真模型中换相失败预测控制框图如图 4.17 所示。

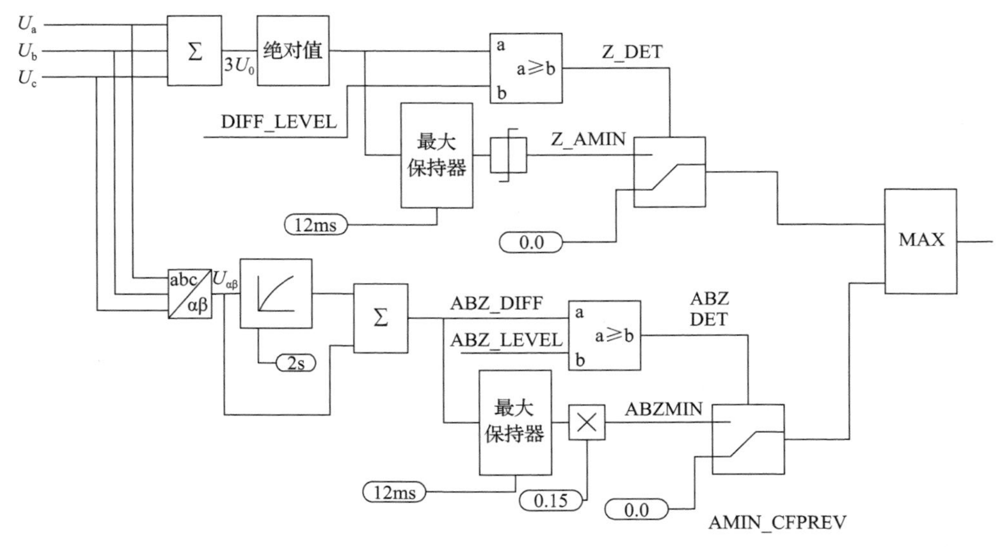

图 4.17　换相失败预测控制框图

图 4.17 中 DIFF_LEVEL 和 ABZ_LEVEL 为阈值，Z_DET 等为中间变量，不做具体解释。

整流侧和逆变侧的换流器、交直流滤波器及无功补偿、平抗、直流线路以及直流输电的“大脑”控制系统，构成了常规直流输电系统。

4.2　MMC 拓扑结构及电磁暂态模型

4.2.1　三相 MMC 拓扑结构及子模块工作状态

三相 MMC 的基本结构如图 4.18 所示，每相均包含上、下两个桥臂。每个桥臂由 N 个半桥子模块及桥臂电抗器 L(桥臂电感)串联构成。其中，O 表示零电位参考点，SM_i表示第 i 个半桥子模块。

其中，桥臂电感不仅能够限制 MMC 相间环流，也可以有效减小 MMC 内部或外部故障时的电流上升速率，提高 MMC 运行的可靠性。每个半桥子模块包括 2 个 IGBT(T_1 和 T_2)、2 个续流二极管(VD_1 和 VD_2)和 1 个电容器。通过控制子模块 T_1 和 T_2 的触发信号，实现子模块电容的投退。

图 4.19 为单个半桥子模块存在的工作状态，设从上到下为桥臂电流正方向，根据子模块中桥臂电流方向和 IGBT 的开关状态，半桥子模块共包括 3 种工作状态，每种状态包括 2 种形式(不存在 T_1 和 T_2 控制信号均为导通的情况)。

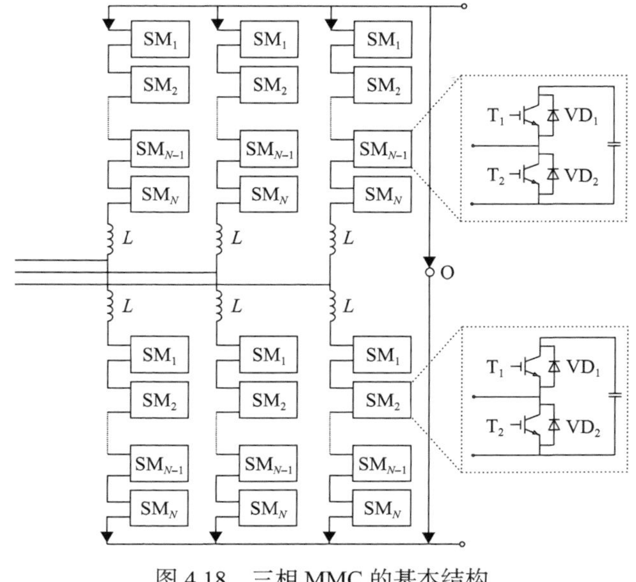

图 4.18　三相 MMC 的基本结构

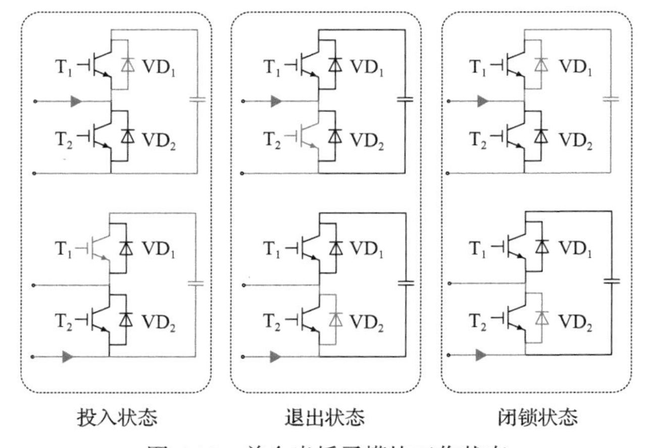

图 4.19　单个半桥子模块工作状态

1. 投入状态

若 T_1 控制信号为导通，T_2 控制信号为关断，则 T_2 由于无导通信号而关断，与其反向并联的二极管 VD_2 承受反向电压也关断。子模块处于投入状态，根据桥臂电流方向，投入状态具体可以分为如下两种形式。

(1) 若桥臂电流方向为正，T_1 承受反向电压关断，VD_1 存在正向电压导通，桥臂电流经过 VD_1，子模块电容处于充电形式。

(2) 若桥臂电流方向为负，VD_1 承受反向电压关断，T_1 存在正向导通电压，桥

臂电流经过 T_1，子模块电容处于放电形式。

2. 退出状态

若 T_1 控制信号为关断，T_2 控制信号为导通，则 T_1 由于无导通信号而关断，与其反向并联的二极管 VD_1 承受反向电压也关断。子模块处于退出状态，根据桥臂电流方向，退出状态具体也可以分为如下两种形式。

(1) 若桥臂电流方向为正，VD_2 承受反向电压关断，T_2 存在正向电压导通，桥臂电流经过 T_2，子模块电容被旁路。

(2) 若桥臂电流方向为负，T_2 承受反向电压关断，VD_2 存在正向电压导通，桥臂电流经过 VD_2，子模块电容亦被旁路。

3. 闭锁状态

若 T_1 和 T_2 控制信号均为关断，则 T_1 和 T_2 全部关断，子模块处于闭锁状态。根据桥臂电流方向，闭锁状态分为如下两种形式。

(1) 若桥臂电流方向为正，VD_2 承受反向电压关断，VD_1 存在正向电压导通，桥臂电流经过 VD_1，子模块电容处于不控充电形式。

(2) 若桥臂电流方向为负，VD_1 承受反向电压关断，VD_2 存在正向电压导通，桥臂电流经过 VD_2，子模块电容被旁路。

因此，半桥子模块存在投入、退出和闭锁 3 种工作状态，其中，投入和退出状态为半桥子模块解锁模式下的正常工作状态，闭锁状态一般用于启动时对子模块电容不控充电或故障时旁路子模块电容。

4.2.2 MMC 电磁暂态模型

柔性直流电磁暂态仿真对大型交直流混联系统稳定性分析、故障分析、控制保护策略设计与验证等工程前期设计和研究系统特性的影响重大，需在电力系统建模和仿真中重点考虑。针对不同的实际需求，存在不同的 MMC 电磁暂态模型，分为基于器件级的详细模型[1]、受控源模型[2,3]、平均值模型[4]和戴维南等效模型[5,6]。不同的模型具有不同的精度和计算速度及应用场景。

大量电力电子器件的存在严重影响着 MMC 的仿真运算效率，导致详细模型和基于受控源的电磁暂态通用模型计算速度慢，不适于大规模电力系统的电磁暂态仿真。平均值模型计算速度快，但无法模拟子模块充放电特性，进行外特性分析的准确性也与子模块电容值密切相关[7]，适用范围同样有限。

文献[5]基于嵌套快速求解算法，提出了 MMC 戴维南等效模型，在保证精度的前提下大幅提升了计算速度。与平均值模型、详细模型和受控源模型相比，戴维南等效模型更适用于大多数柔性直流输电系统。但考虑到柔性直流输电工程的电压等级越来越高、端口数越来越多、拓扑结构越来越复杂，目前戴维南等效模型仍无法满足大电网电磁暂态计算对 MMC 模型精度和速度的需求，也无法对含柔性直流输电系统的大型交直流混联电网进行电磁暂态仿真。

4.3　MMC 高效电磁暂态模型

针对 MMC 子模块数量众多造成的仿真效率低下、不适用于大型电力系统全电磁暂态仿真的问题，本节在戴维南等效模型的基础上，提出 MMC 高效电磁暂态仿真算法，从 3 个方面对 MMC 模型等效方式和排序算法进行优化，建立 MMC 高效戴维南模型。

4.3.1　MMC 戴维南等效模型

由 4.2.1 节所述半桥子模块的工作状态可知，将 T_1 与 VD_1 等效为开关 S_1，将 T_2 与 VD_2 等效为开关 S_2，在投入状态下，无论桥臂电流方向如何，S_1 始终导通，S_2 始终关断。在退出状态下，无论桥臂电流方向如何，S_1 始终关断，S_2 始终导通。

MMC 戴维南等效模型基于上述等效原理，如图 4.20 所示，将 IGBT 及其反向并联的二极管等效为一个可变电阻，由开关状态取值 R_{ON} 或 R_{OFF}。R_C、U_C 分别为子模块电容的等效电阻和等效电压。根据拓扑结构求子模块的等效电阻 $R^i_{smeg(t)}$ 和等效电压 $U^i_{smeg(t)}$，再由子模块串联结构求解全部子模块的等效模型，如式(4.5)、式(4.6)所示。

$$U_{all\_smeq}(t) = \sum_{i=1}^{N} U^i_{smeq}(t) \tag{4.5}$$

$$R_{all\_smeq}(t) = \sum_{i=1}^{N} R^i_{smeq}(t) \tag{4.6}$$

式中，$U_{all\_smeq}(t)$、$R_{all\_smeq}(t)$ 为单桥臂全部子模块的等效电压和等效电阻；N 为单桥臂包含的子模块数目。

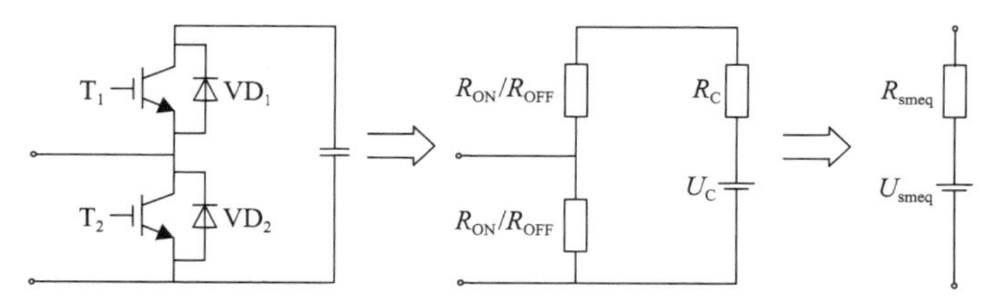

图 4.20　半桥型 MMC 子模块拓扑结构等效

4.3.2　MMC 高效戴维南模型

1. MMC 仿真算法的灵活切换

在实现 MMC 电磁暂态仿真过程中，需对子模块电容支路和桥臂电感支路进行离散化[8]。隐式梯形法的计算准确度高，绝大部分文献采用隐式梯形法离散化子模块电容支路，但却带来非状态量数值振荡的风险。当 MMC 各桥臂投入的子模块数量变化引起网络结构突变时，隐式梯形法递推式中包含上一步的非状态变量，可能导致非状态量在真解附近不正常地摇摆，发生电磁暂态仿真中的数值振荡[9]。文献[10]采用后退欧拉法离散化子模块电容支路，使用的历史项与上一步非状态量无关，能够避免数值振荡问题，但由于完全抛弃了上一步的非状态量，计算精度降低，工程实用性还有待考证。

后退欧拉法精度低，而隐式梯形法会引起数值振荡。为同时满足 MMC 模型对高精度和避免数值振荡的需求，充分发挥后退欧拉法和隐式梯形法各自的优势，本书在 MMC 仿真中采用灵活切换算法：

$$C \cdot \frac{u_{\mathrm{C}}(t)-u_{\mathrm{C}}(t-\Delta t)}{\Delta t}=\frac{(1+\alpha) i_{\mathrm{C}}(t)+(1-\alpha) i_{\mathrm{C}}(t-\Delta t)}{2} \tag{4.7}$$

$$L \cdot \frac{i_{\mathrm{L}}(t)-i_{\mathrm{L}}(t-\Delta t)}{\Delta t}=\frac{(1+\alpha) u_{\mathrm{L}}(t)+(1-\alpha) u_{\mathrm{L}}(t-\Delta t)}{2} \tag{4.8}$$

式中，C、L 分别为子模块电容和桥臂电感值；Δt 为仿真步长；$u_{\mathrm{C}}(t)$、$u_{\mathrm{L}}(t)$ 分别为当前时刻电容和电感两端的电压值；$u_{\mathrm{C}}(t-\Delta t)$、$u_{\mathrm{L}}(t-\Delta t)$ 分别为上一仿真时刻电容和电感两端的电压值；同理，$i_{\mathrm{C}}(t)$、$i_{\mathrm{C}}(t-\Delta t)$、$i_{\mathrm{L}}(t)$、$i_{\mathrm{L}}(t-\Delta t)$ 分别为对应时刻流过电容或电感的电流值；α 为离散化算法，取 0 为隐式梯形法，取 1 为后退欧拉法[11]。

在 MMC 仿真过程中，需要在每一时步对网络结构是否变化进行判断，如果发生变化则需要进行相应的处理。具体而言，判别 MMC 各桥臂投入子模块的数量是否发生变化，若各桥臂投入的子模块数量不改变，采用隐式梯形法保留上一步非状态量，保证 MMC 高效模型的高精度和稳定性。若任一桥臂投入子模块的数量变化，则切换为后退欧拉法以避开非状态量的突变时刻值，避免上一步非状态变量对后续仿真的冲击。通过改变α的值灵活切换离散算法，在保证 MMC 高精度仿真的同时，消除数值振荡。

2. 桥臂戴维南等效模型

大部分文献仅对桥臂中全部子模块进行等效，得到桥臂子模块的等效模型后再外接桥臂电感。实际上，桥臂电感与桥臂子模块等效模型串联，电感电流即为桥臂电流，因此基于嵌套快速求解法，可将整个桥臂等效为一个戴维南模型。

如式(4.9)、式(4.10)所示，桥臂的等效电压 $U_{\text{armeq}}(t)$ 为全部子模块的等效电压和桥臂电感的等效电压之和，桥臂的等效电阻 $R_{\text{armeq}}(t)$ 为全部子模块的等效电阻和桥臂电感的等效电阻之和，即

$$U_{\text{armeq}}(t) = U_{\text{all\_smeq}}(t) + u_{\text{L}}(t) \tag{4.9}$$

$$R_{\text{armeq}}(t) = R_{\text{all\_smeq}}(t) + R_{\text{L}}(t) \tag{4.10}$$

式中，$u_{\text{L}}(t)$、$R_{\text{L}}(t)$ 分别为桥臂电感支路离散化后的戴维南等效电压和等效电阻。

上述方法简单有效，在完全不降低 MMC 高效模型仿真精度的同时，消去图 4.21 内部节点 AP、AN、BP、BN、CP、CN 后，使得节点导纳矩阵从 11 阶降为 5 阶，提高了模型计算速度。图 4.21 中“*”表示节点导纳矩阵中的自导纳或互导纳非零。

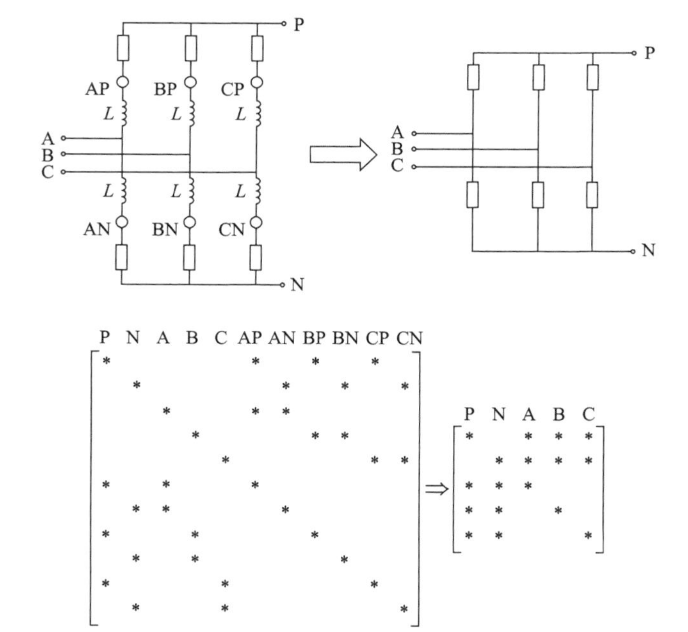

图 4.21　MMC 导纳矩阵降阶示意图

4.3.3　基于双向堆排序的不完全电容电压排序算法

1. 最近电平逼近控制与排序均压算法实质分析

最近电平逼近控制策略结合排序均压算法具有动态性能好、实现简单等优势。其基本原理如图 4.22 所示：由调制模块确定 t 时刻需投入的子模块数量 $n(t)$，并

对同一桥臂内的子模块电容电压进行排序，最后根据桥臂电流 i_{arm} 的方向选择不同的子模块投入。图 4.22 中 ROUND 表示按照“四舍五入”原则进行取整，$U_{ref}(t)$ 为 t 时刻调制波的瞬时值，$U_{C\text{-}AV}$ 表示同一桥臂内所有子模块的电容电压平均值，BLK(t) 为闭锁信号，FR$_i(t)$ 为 IGBT 触发信号。

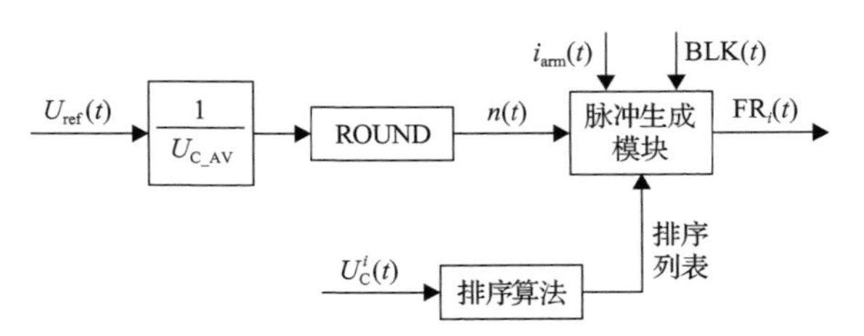

图 4.22　基于最近电平逼近控制的 MMC 电容电压平衡算法原理图

值得注意的是，在电容电压平衡算法中排序的目的是确定前 $n(t)$ 个电容电压最大(小)的子模块的编号，不需要对筛选出来的 $n(t)$ 个子模块电容电压进行内部排序，也不用对未筛选出来的 $N-n(t)$ 个电容电压排序。因此，对整个桥臂的子模块电容电压进行严格全排序是没有必要的。借助“TOP-K”问题的思想，充分节约不必要的排序计算，提出一种基于双向堆排序的电容电压排序算法。

2. 基于双向堆排序的电容电压排序算法

“TOP-K”问题是指如何从大量源数据中获取最大(最小)的 K 个数据，这与基于最近电平逼近控制的 MMC 子模块电容电压排序目标完全一致。堆排序算法是解决“TOP-K”问题的经典算法，能够充分利用子模块电容电压的比较结果，发挥“堆”的特点，快速定位需要的子模块编号[12]。

图 4.23 为堆结构示意图，堆中的节点按照完全二叉树的形式构建。二叉树最顶端的节点为根节点。若一个节点下面与两个节点相连，则称该节点为下面两个节点的父节点，下面连接的两个节点为该节点的子节点。以图 4.23 为例，节点 0 为根节点，节点 3 是节点 7、8 的父节点，节点 7、8 是节点 3 的子节点。

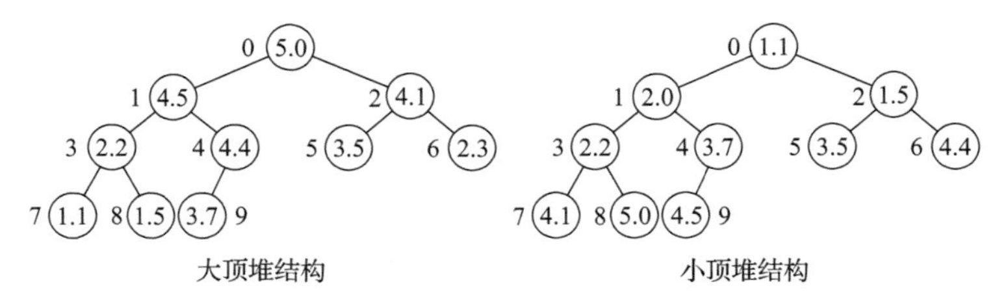

图 4.23　堆结构示意图

将 MMC 中的子模块等效为堆结构中的节点：子模块电容电压值对应节点中的元素，子模块编号对应节点编号，以此构建 MMC 子模块堆。根据性质不同可分为大顶堆和小顶堆，以 MMC 子模块大顶堆为例，其需满足 2 个特性。

(1) 每个父节点的子模块编号对应的电容电压值都不小于它下面的 2 个子节点的子模块编号对应的电容电压值。

(2) 根节点的子模块编号对应的电容电压值是大顶堆中所有子模块电容电压中的最大值。

筛选 $n(t)$ 个最大的子模块电容电压和筛选 $N-n(t)$ 个最小的子模块电容电压是等效的，可以灵活调整堆的结构和性质，进一步降低排序次数。因此，本书提出一种基于双向堆排序的电容电压排序算法，在不改变子模块电容电压平衡效果的同时，充分避免不必要的排序，算法原理如下。

(1) 根据电流 i_{arm} 方向和调制模块输出的 $n(t)$ 进行判断，确定 MMC 子模块堆的性质及规模。分为 4 种情形：①若 $i_{arm} \geqslant 0$，$n(t) < N/2$，则取 $n(t)$ 个子模块编号，构建元素数量为 $n(t)$ 的大顶堆；②若 $i_{arm} \geqslant 0$，$n(t) \geqslant N/2$，则取 $N-n(t)$ 个子模块编号，构建元素数量为 $N-n(t)$ 的小顶堆；③若 $i_{arm} < 0$，$n(t) < N/2$，则取 $n(t)$ 个子模块编号，构建元素数量为 $n(t)$ 的小顶堆；④若 $i_{arm} < 0$，$n(t) \geqslant N/2$，则取 $N-n(t)$ 个子模块编号，构建元素数量为 $N-n(t)$ 的大顶堆。

(2) 针对建立的大(小)顶堆结构，调整堆中的子模块编号，确保堆中的子模块编号指向的电容电压满足堆的性质。

以 MMC 子模块大顶堆为例，首先按照完全二叉树的结构，将子模块等效为节点，依次填入子模块编号；其次从堆中最后填入的子模块开始进行判断，左右子节点取较大的子模块电容电压值与父节点编号对应的子模块电容电压值比较，若子节点较大的电容电压值大于父节点中的电容电压值，则交换两个节点中的子模块编号；最后依照上述判断原则，从左至右、从下到上调整每一个父节点编号及其对应的子节点编号，最终使得构建的 MMC 子模块“堆”满足大顶堆的两个特性。

(3) 将其余的子模块编号指向的电压依次与堆顶根节点子模块编号指向的电压相比较。

若构建的堆为 MMC 子模块大顶堆，根节点子模块编号指向的电容电压值为最大值，则其余的子模块编号指向的电容电压分别与根节点子模块编号指向的电容电压比较，若比根节点电容电压大，则不进行处理；若比根节点电容电压小，则将该编号替换为根节点编号，再调整大顶堆的结构，满足大顶堆的性质。

同理，若构建的堆为 MMC 子模块小顶堆，则将剩余子模块编号指向的电容电压依次与根节点子模块编号指向的电容电压比较，在该编号指向的电容电压大于根节点编号指向的电容电压的情况下，将该编号替换为根节点子模块编号，再调整小顶堆的结构，恢复小顶堆的性质。

(4) 确定投入的子模块。若需投入的子模块数量 $n(t) < N/2$，则投入最终生成的大(小)顶堆中的所有子模块编号。

若需投入的子模块数量 $n(t) \geqslant N/2$，则投入最终生成的大(小)顶堆之外剩余所有子模块的编号。

(5)根据确定的子模块编号，生成相应的 IGBT 触发信号，投入对应的 $n(t)$ 个子模块。

基于双向堆排序的电容电压排序算法，根据每一步的导通模块数量 $n(t)$ 时时调整 MMC 子模块堆的规模和性质，利用堆的结构快速区分堆内子模块和堆外子模块，直接确定投入的子模块编号，而不对所有子模块进行全排序。双向选择则进一步降低了堆结构的规模，降低了排序次数，最大限度地减少运算量，提高 MMC 高效模型的计算速度。

4.3.4 MMC 高精度闭锁仿真

上述高效模型和均压算法能够实现 MMC 在解锁状态下的精准快速仿真。当 MMC 处于启动阶段或发生故障时，需将全部子模块或部分桥臂的子模块闭锁，全控型器件处于关断状态。在二极管的不控整流作用下，MMC 子模块状态与 i_{arm} 方向相关[13]。闭锁状态下单桥臂全部子模块的等效电阻和等效电压实际值如表 4.1 所示。

表 4.1 闭锁状态下单桥臂全部子模块等效参数的实际值

条件	等效电阻	等效电压
$i_{\mathrm{arm}}>0$	$N(R_{\mathrm{off}}//(R_{\mathrm{on}}+R_{\mathrm{C}}))$	$\dfrac{R_{\mathrm{off}}}{R_{\mathrm{on}}+R_{\mathrm{C}}+R_{\mathrm{off}}}\cdot\sum_{i=1}^{N}u_{\mathrm{C}}^{i}$
$i_{\mathrm{arm}}\leqslant 0$	$N(R_{\mathrm{on}}//(R_{\mathrm{off}}+R_{\mathrm{C}}))$	$\dfrac{R_{\mathrm{on}}}{R_{\mathrm{on}}+R_{\mathrm{C}}+R_{\mathrm{off}}}\cdot\sum_{i=1}^{N}u_{\mathrm{C}}^{i}$

不同的桥臂电流方向对应不同的等效模式。电磁暂态仿真程序往往采用定步长仿真算法，若不考虑二极管插值作用，等效模式只能在仿真步长整数倍的时间点改变并进行后续计算，将产生大量的畸变点，严重影响 MMC 电磁暂态仿真的精确性。

为更精确地模拟 MMC 闭锁状态，本书采用虚拟二极管的方式。如图 4.24 所示，在投入全部子模块的同时，每个桥臂中均调用两个虚拟二极管，一个为正向串联虚拟二极管 D_1，一个为反向并联虚拟二极管 D_2，采用表 4.2 所示的导通电阻和关断电阻。

D_1 的导通电阻应取 0Ω，但取 0Ω后会导致导纳矩阵奇异，需额外增加计算量，亦可能造成错误的矩阵求逆结果。为了保证计算的稳定性，设置导通电阻为 $10^{-6}\mu\Omega$。D_2 的关断电阻应取无穷大，在仿真中使用 $10^{9}\Omega$ 模拟无穷大。因此，采用虚拟二极管后的 MMC 闭锁等效电阻和等效电压如表 4.3 所示。其中，$R_{\mathrm{in}}=R_{\mathrm{on}}//(R_{\mathrm{on}}+R_{\mathrm{off}}+R_{\mathrm{C}})\ll R_{\mathrm{off}}$，$R_{\mathrm{off}}/(R_{\mathrm{on}}+R_{\mathrm{C}}+R_{\mathrm{off}})\approx 1$。

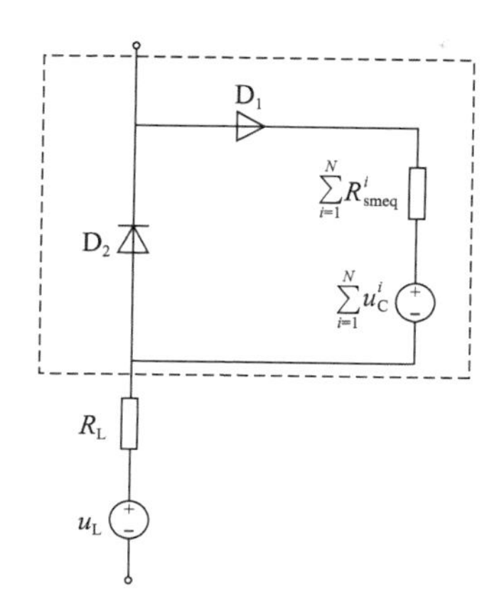

图 4.24　MMC 单个桥臂等效结构图

表 4.2　闭锁状态下虚拟二极管参数的取值

二极管编号	虚拟二极管导通电阻	虚拟二极管关断电阻
D_1	$10^{-6}\Omega$	$N(R_{off}+R_C)$
D_2	NR_{on}	$10^{9}\Omega$

表 4.3　采用虚拟二极管后闭锁状态下全部子模块的等效参数值

条件	等效电阻	等效电压
$i_{arm}>0$	$10^{-6}\Omega+N(R_{off}//(R_{on}+R_C))$	$\frac{R_{off}}{R_{on}+R_C+R_{off}}\cdot\sum_{i=1}^{N}u_C^i$
$i_{arm}\leqslant 0$	$N(R_{on}//(R_{off}+R_C+R_{in}))$	$\frac{R_{on}}{R_{on}+R_C+R_{off}}\cdot\frac{R_{off}}{R_{on}+R_C+R_{off}}\cdot\sum_{i=1}^{N}u_C^i$

对比表 4.1 和表 4.3 中的等效参数值，本书在不增加内部节点的同时，通过正确设置二极管参数，对闭锁状态的处理误差极小。值得注意的是，针对 MMC 闭锁瞬间可能进行的插值运算，为保证闭锁初始时刻计算正确，避免插值错误，本书在 MMC 解锁时虽不投入虚拟二极管，但需保留虚拟二极管的更新历史变量函数，即不调用二极管插值函数和闭锁等效模型的同时，在每一时步都根据 i_{arm} 方向更新虚拟二极管的历史变量。

若 $i_{arm}\leqslant 0$，则根据表 4.4 更新历史变量，若 $i_{arm}>0$，则根据表 4.5 更新历史变量。通过合理设置虚拟二极管参数和时时更新历史变量，能够实现 MMC 任意闭锁时刻的高精度仿真。

表 4.4　虚拟二极管历史变量更新方式 A

二极管编号	开关状态	电压	电流
D_1	关断	$u_{arm}(t)-u_L(t)-\sum_{i=1}^{N}u_C^i(t)$	0
D_2	导通	$u_L(t)-u_{arm}(t)$	$-i_{arm}(t)$

表 4.5　虚拟二极管历史变量更新方式 B

二极管编号	开关状态	电压	电流
D_1	导通	$u_{arm}(t)-u_L(t)-\sum_{i=1}^{N}u_C^i(t)$	$i_{arm}(t)$
D_2	关断	$u_L(t)-u_{arm}(t)$	0

4.3.5　全桥型 MMC 高效戴维南模型

全桥型 MMC 高效戴维南模型的实现方法与半桥型 MMC 类似，如图 4.25 所示，将全桥子模块中的 IGBT 和反向并联的二极管等效为可变电阻，由开关状态取值 R_{ON} 或 R_{OFF}。R_C、U_C 分别为子模块电容的等效电阻和等效电压。根据拓扑结构求子模块的等效电阻 R_{smeq} 和等效电压 U_{smeq}，再由子模块串联结构求解全部子模块的等效模型。

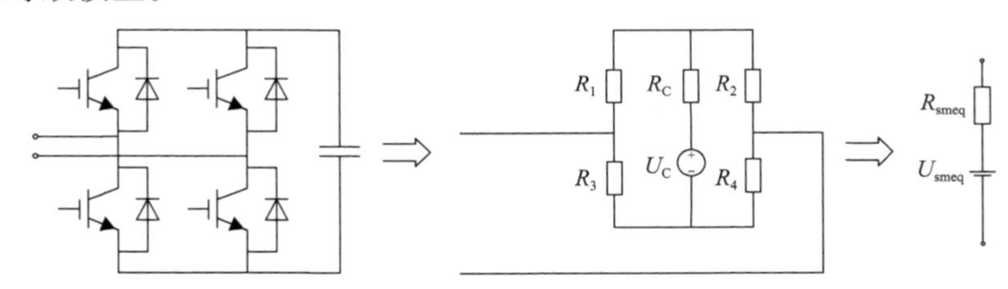

图 4.25　MMC 全桥子模块拓扑结构等效

上述灵活切换算法、基于双向堆排序的不完全电容电压排序算法和高精度闭锁仿真等优化方法同样适用于全桥型 MMC 高效戴维南模型，此处不再展开。

4.4　柔性直流输电控制系统模型

柔性直流输电系统一般采用双环控制结构，如图 4.26 所示，主要包括外环控制和内环控制两部分。外环控制体现控制目标，内环控制实现电流的快速跟踪。内环控制输出的电压参考波与环流抑制输出的电压参考波叠加后，经调制环节生成可控开关器件的触发信号。其中，外环功率控制和内环电流控制属于换流站控制层级，环流抑制和调制环节属于换流阀控制层级。

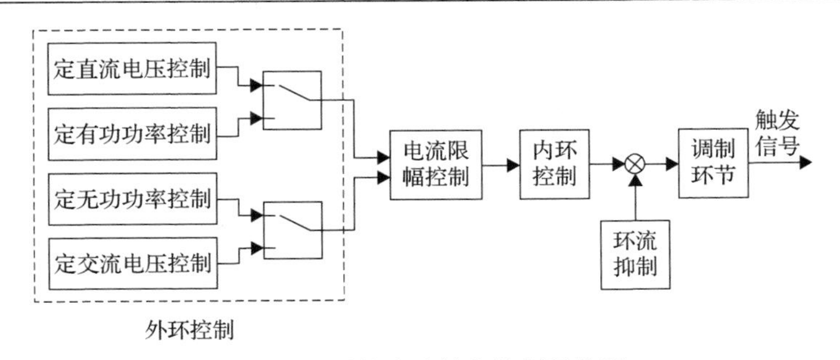

图 4.26　柔性直流输电控制结构图

4.4.1　外环控制器模型

外环控制器体现柔直不同的控制目标，生成内环电流控制器所需的直轴和交轴电流参考值 i_{dref} 和 i_{qref}。其中，i_{dref} 由有功功率类控制得到，i_{qref} 由无功功率类控制得到。常见的有功功率类控制主要有定直流电压控制和定有功功率控制；无功功率类控制主要有定无功功率控制和定交流电压控制。图 4.27 为上述四种外环控制的结构图。

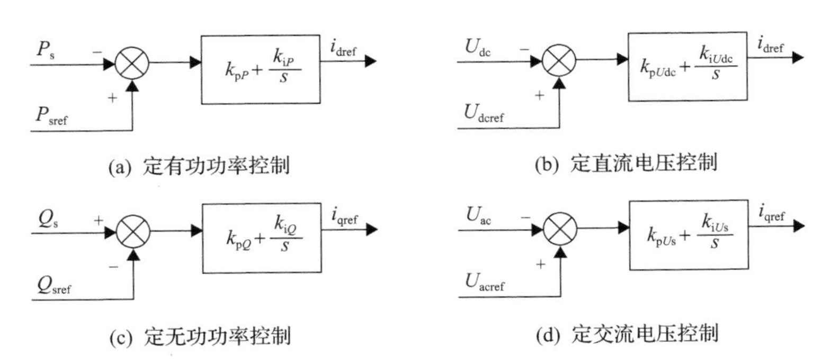

图 4.27　外环控制框图

图 4.27(a) 中，P_{s} 为有功功率测量值；P_{sref} 为有功功率参考值；$k_{\mathrm{p}P}$ 为定有功功率控制的比例系数；$k_{\mathrm{i}P}$ 为定有功功率控制的积分系数。图 4.27(b) 中，U_{dc} 为直流电压测量值；U_{dcref} 为直流电压参考值；$k_{\mathrm{p}U\mathrm{dc}}$ 为定直流电压控制的比例系数；$k_{\mathrm{i}U\mathrm{dc}}$ 为定直流电压控制的积分系数。图 4.27(c) 中，Q_{s} 为无功功率测量值；Q_{sref} 为无功功率参考值；$k_{\mathrm{p}Q}$ 为定无功功率控制的比例系数；$k_{\mathrm{i}Q}$ 为定无功功率控制的积分系数。图 4.27(d) 中，U_{ac} 为交流电压测量值；U_{acref} 为交流电压参考值；$k_{\mathrm{p}U\mathrm{s}}$ 为定交流电压控制的比例系数；$k_{\mathrm{i}U\mathrm{s}}$ 为定交流电压控制的积分系数。

4.4.2　孤岛控制器模型

柔性直流可以运行在孤岛模式，通过控制并网点交流电压，为交流系统提供一个稳定的同步交流电源。孤岛控制存在直接电压控制和直接电流控制两类模式，直接电压控制[14]实现简单，控制交流电压能力强，但存在 MMC 过流风险。直接电流控制[15,16]采用外环控制交流电压、内环控制交流电流的双环结构，能够有效避免过流，是最常用的孤岛控制策略，其控制结构如图 4.28 所示，控制 d 轴交流电压 u_{sd} 、q 轴交流电压 u_{sq} 恒定。此外，电角度由控制器内部生成，固定 dq 轴坐标系的旋转角频率，从而确保并网点交流电压的幅值和频率稳定。图中，G_p 为孤岛控制一阶惯性滤波的比例系数。

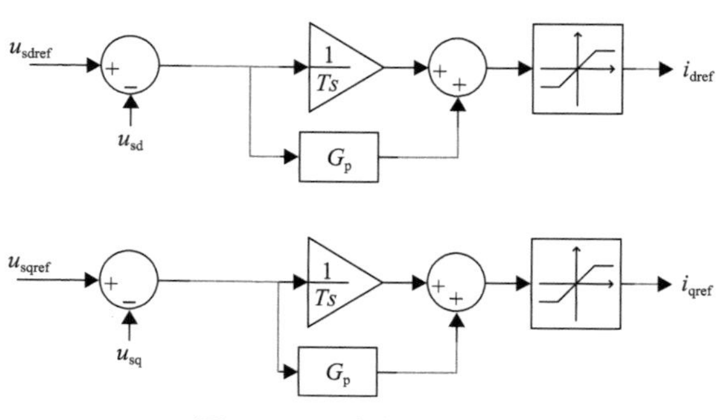

图 4.28　孤岛控制结构图

4.4.3　内环控制器模型

内环控制通过调节 MMC 交流侧输出电压的参考值 u_{dref}、u_{qref}，可使三相交流电流的直轴、交轴分量 i_d、i_q 跟踪外环控制器输出的电流参考值 i_{dref}、i_{qref}。为了消除直轴和交轴之间的耦合作用，同时排除电网电压扰动带来的干扰，柔性直流 MMC 采用前馈解耦控制，框图如图 4.29 所示。

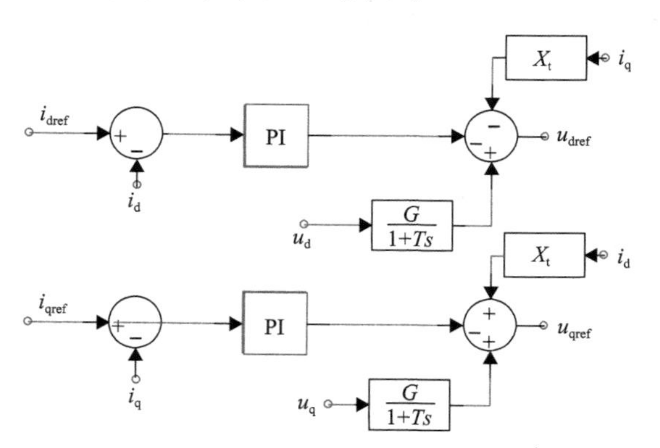

图 4.29　内环控制结构框图

图 4.29 中，G 为内环控制一阶惯性滤波环节的比例系数，X_t 为 MMC 至换流变一次侧的等效电抗。

图 4.29 中 MMC 输出电压参考值 u_{dref} 和 u_{qref} 计算公式如下：

$$u_{\text{dref}} = u_{\text{d}} - \omega L i_{\text{q}} - \left(k_{\text{pid}} + \frac{k_{\text{iid}}}{s}\right)(i_{\text{dref}} - i_{\text{d}}) \tag{4.11}$$

$$u_{\text{qref}} = u_{\text{q}} + \omega L i_{\text{d}} - \left(k_{\text{piq}} + \frac{k_{\text{iiq}}}{s}\right)(i_{\text{qref}} - i_{\text{q}}) \tag{4.12}$$

式中，k_{pid}、k_{iid} 为 d 轴 PI 控制模块参数；k_{piq}、k_{iiq} 为 q 轴 PI 控制模块参数。

4.4.4　环流抑制控制模型

MMC 运行时，由于子模块电容电压波动，上下桥臂电压中将包含大小相等、方向相同的偶数倍频谐波分量，三个相单元间桥臂电压的偶数倍频分量将产生 2 倍频且为负序性质的环流。如图 4.30 所示，桥臂环流（i_{2fa}、i_{2fb}、i_{2fc}）将在三个相单元间流动，不会进入交流或直流线路中。环流仅存在于 MMC 内部，将使桥臂电流发生畸变，增加换流器的损耗，并增大子模块电容电压波动。因此，必须通过环流抑制控制策略抑制 MMC 内部环流。

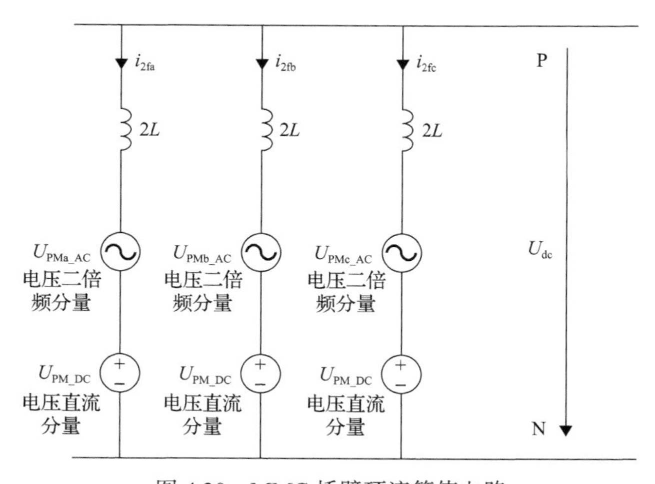

图 4.30　MMC 桥臂环流等值电路

环流抑制控制采用如图 4.31 所示的结构，首先将上下桥臂电流相加除以 2，得到三相内部环流。再经过 2 倍频负序坐标变换 $\boldsymbol{T}_{\text{abc-dq}}$，得到 MMC 环流的 dq 轴分量 i_{cird} 和 i_{cirq}。设定环流的目标值为 0.0，将目标值与实际值做差，经 PI 调节、交叉耦合和前馈补偿后，得到内部不平衡压降的 dq 轴参考值，经帕克反变换 $\boldsymbol{T}_{\text{dq-abc}}$ 后得到需要的负序三相的内部不平衡压降参考值。

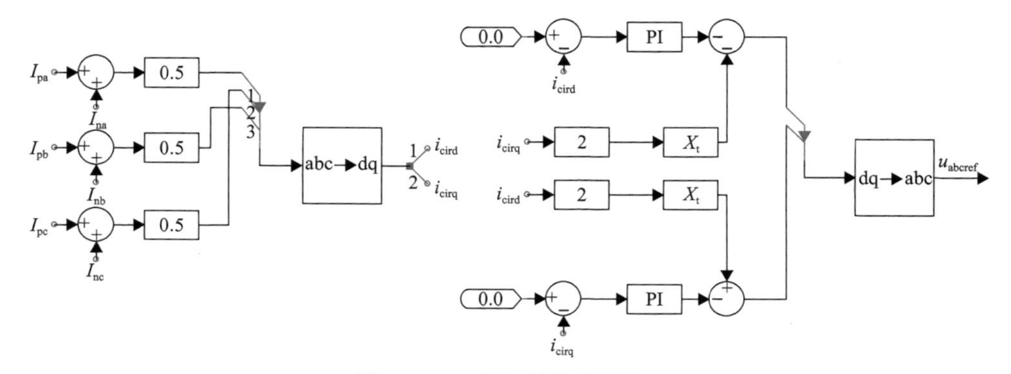

图 4.31 环流抑制控制结构图

4.4.5 调制环节控制模型

实际上，MMC 直接输出的是离散的电平，并不是正弦波。调制策略就是根据调制波波形向 MMC 各个开关器件施加不同的触发信号，使换流器输出脉宽形式或阶梯形式的交流电压波形来逼近调制波。最近电平逼近控制动态性能好，实现简单，当 MMC 的电平数较多时，最近电平逼近控制方法的优势更明显。

最近电平逼近控制已经在 MMC 高效戴维南模型中实现，此处不再赘述。实现效果如图 4.32 所示，图中横坐标表示电平投切的电角度，纵坐标表示输出交流电压值。理论上，最近电平逼近控制将 MMC 输出的电压和调制波电压之差控制在 $\pm U/2$（U 表示子模块电容电压）。

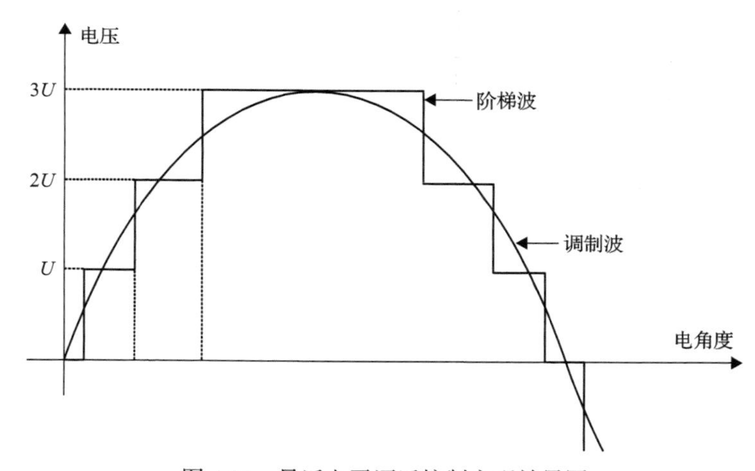

图 4.32 最近电平逼近控制实现效果图

4.5 本 章 小 结

基于 LCC 的常规直流和基于 MMC 的柔性直流输电技术得到了快速的发展，对实现资源优化配置，以及解决我国能源资源与能源需求逆向分布问题起关键作用。本章介绍了常规直流和柔性直流的全电磁暂态建模及仿真方法，主要内容如下：

(1) 介绍了常规直流一次系统和准稳态数学模型，并详细介绍了直流各分层控制功能和基本控制结构；

(2) 介绍了三相 MMC 拓扑结构和子模块工作状态，提出了 MMC 高效电磁暂态仿真算法，建立了 MMC 高效戴维南模型，介绍了柔性直流输电控制系统的基本控制方式和经典控制结构。

参 考 文 献

[1] 钱照明，张军明，盛况. 电力电子器件及其应用的现状和发展[J]. 中国电机工程学报，2014，34(29)：5149-5161.

[2] Xu J Z, Zhao C Y, Liu W J, et al.Accelerated model of modular multilevel converters in PSCAD/EMTDC[C]//2013 IEEE Power & Energy Society General Meeting, Vancouver, 2013.

[3] 赵成勇. 柔性直流输电建模和仿真技术[M]. 北京：中国电力出版社，2014.

[4] 王成山，彭克，孙绪江，等. 分布式发电系统电力电子控制器通用建模方法[J]. 电力系统自动化，2012，36(18)：122-127.

[5] Gnanarathna U N, Gole A M, Jayasinghe R P. Efficient modeling of modular multilevel HVDC converters (MMC) on electromagnetic transient simulation programs[J]. IEEE Transactions on Power Delivery, 2011, 26(1): 316-324.

[6] 许建中. 模块化多电平换流器电磁暂态高效建模方法研究[D]. 北京：华北电力大学，2014.

[7] 许建中，赵成勇，Gole A M，等. MMC 平均值模型在直流电网中的适用性分析[J]. 北京交通大学学报(自然科学版)，2015，39(5)：75-80.

[8] 徐政. 柔性直流输电系统[M]. 北京：机械工业出版社，2000.

[9] 多梅尔. 电力系统电磁暂态计算理论[M]. 李永庄，林集明，曾昭华，译. 北京：水利电力出版社，1991.

[10] 许建中，赵成勇，Gole A M. 模块化多电平换流器戴维南等效整体建模方法[J]. 中国电机工程学报，2015，35(8)：1919-1929.

[11] 刘文焯，汤涌，侯俊贤，等. 考虑任意重事件发生的多步变步长电磁暂态仿真算法[J]. 中国电机工程学报，2009，29(34)：9-15.

[12] Grammatikakis M D, Liesche S . Priority queues and sorting methods for parallel simulation[J]. IEEE Transactions on Software Engineering, 2000, 26(5): 401-422.

[13] 唐庚，徐政，刘昇. 改进式模块化多电平换流器快速仿真方法[J]. 电力系统自动化，2014，38(24)：7.

[14] 管敏渊，徐政. MMC 型柔性直流输电系统无源网络供电的直接电压控制[J]. 电力自动化设备，2012，32(12)：1-5.

[15] 张梓霖，康忠健，赵兵，等. 新能源经柔直送出系统新型孤岛鲁棒控制[J]. 电网技术，2022，46(1)：10.

[16] Huang S, Wu Q, Liao W, et al. Adaptive droop-based hierarchical optimal voltage control scheme for VSC-HVDC connected offshore wind farm[J]. IEEE Transactions on Industrial Informatics, 2021, 17(12): 8165-8176.

第 5 章　电磁暂态仿真算法

电力系统是一个复杂的动力学系统。描述电力系统暂态过程的数学模型中涉及非线性常微分方程。这些非线性常微分方程一般不能得到解析解，只能通过数值积分得到离散时间的数值解。微分代数方程的数值解法是电力系统仿真面临的核心技术问题之一[1,2]。

5.1　电磁暂态数值算法简介

设常微分方程组：

$$\begin{cases} y'(x) = f(x, y), \quad x \in I \\ y(x_0) = y_0 \end{cases} \tag{5.1}$$

式中，I 为 x 定义域内的一个区间；x_0、y_0 为初值。

泰勒展开后：

$$y(x_i + \Delta x) = y(x_i) + \sum_{k=1}^{n} \frac{y^{(n)}(x_i)}{n!} \Delta x^n + O(\Delta x^{n+1}) \tag{5.2}$$

式中，n 为导数阶数；泰勒展开的误差余项 $O(\Delta x^{n+1})$ 是一个关于 Δx^{n+1} 的高阶无穷小量。

在第 i+1 步，忽略高次项，采用第 i 步的一阶导数值，就得到欧拉法积分公式：

$$y_{i+1} = y_i + hf(x_i, y_i)$$

式中，h 为积分步长，$x_{i+1} - x_i = h$。

如果导数采用第 i+1 步导数值，迭代格式就是后退欧拉法的积分公式。

$$y_{i+1} = y_i + hf(x_{i+1}, y_{i+1}) \tag{5.3}$$

欧拉法和后退欧拉法的差别就在于积分时采用哪一步的导数值。如果导数值取第 i 步导数和第 i+1 步导数的平均值，就是梯形算法。

$$y_{i+1} = y_i + \frac{1}{2} h \left[f(x_i, y_i) + f(x_{i+1}, y_{i+1}) \right] \tag{5.4}$$

至于梯形算法中的第 i+1 步导数，既可以通过迭代算法获得，也可以采用某种差分计算格式直接求解获得(隐式梯形法)。

计算机不可能连续模拟暂态现象，只能在离散的时间点(步长 Δt)求解，得到指定时间点上的状态。逐点求解的方法导致了一步一步的累计误差，全电磁暂态仿真由于元件数量多、网络规模大，必须采用数值上非常稳定的算法。

此外还有 Gear2、Simpson、2 级对角隐式龙格-库塔(2-stage diagonally implicit Runge-Kutta，2S-DIRK)等算法，因为篇幅，这里不再详述，表 5.1 为几种数值积分算法的特性比较。

表 5.1　几种数值积分算法的特性比较

积分算法	步数	精度	是否为隐式	稳定性	计算量
隐式梯形法	1	2 阶	是	A-稳定	一般
后退欧拉法	1	1 阶	是	L-稳定	一般
Gear2	2	2 阶	是	L-稳定	一般
Simpson	2	4 阶	是	无绝对稳定域	一般
2S-DIRK	1	2 阶	是	L-稳定	较大

注：A-稳定和 L-稳定都是表征数值方法稳定性的概念。数值方法是 A-稳定的意味着该方法对任何步长均为稳定的。L-稳定是 A-稳定的一个特例。L-稳定的方法在求解刚性方程方面更具优势。

自 Dommel 和 Sato[3]于 1972 年首次将梯形法应用于电力系统暂态过程的数值仿真计算后，梯形法在电力系统暂态稳定性分析计算中一直占主导地位。研究人员普遍认为隐式梯形法是 A-稳定的，具有很好的数值稳定性；它是 2 阶单步方法，其计算过程比较简单。从 1972 年到现在，尽管已经过去多年，常微分方程初值问题的数值解法研究又取得了很多新的研究成果，但无论是在学术界还是在电力系统工程实际应用领域，梯形法仍然是应用最为普遍的数值积分方法，实际工程中大量使用的几种电磁暂态程序(EMTP/ATP/EMTP-RV/PSCAD/PSModel/ADPSS)基本都采用了这种算法，长期的工程实践也印证了这种算法的稳定性。

5.2　几种基本电磁暂态元件模型及网络解法

电磁暂态程序求解的网络，可以理解为由电阻、电感、电容、线路、发电机、电力电子设备或其他元件任意构成。以图 5.1 为例，对于节点 1 附近的网络，有节点 2、节点 3、节点 4 和节点 5 与之相连，按照计算机求解微分代数方程组的思路，假设 0、Δt、$2\Delta t$ 直至 $t-\Delta t$ 时刻的电压和电流都已经算出，现在需要求解 t 时刻的值。

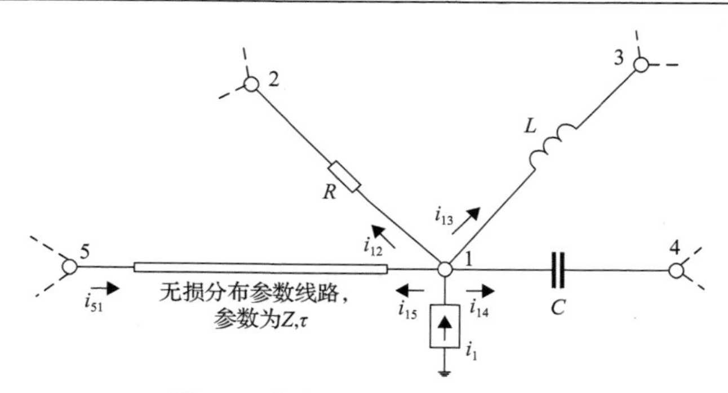

图 5.1　节点 1 附近的网络示意图

因为需要满足基尔霍夫电流定律(KCL)，任一时刻，从节点 1 经各支路流向其他节点的电流值都必须等于注入的电流 i_1，即

$$i_{12}(t)+i_{13}(t)+i_{14}(t)+i_{15}(t)=i_1(t) \tag{5.5}$$

支路 12 为简单的电阻支路，采用简单的代数方程：

$$\frac{1}{R}u_1(t)-\frac{1}{R}u_2(t)=i_{12}(t) \tag{5.6}$$

式中，u_1、u_2 为节点 1、2 的电压。

而支路 13 为电感器件，电感值为 L，其两端电压 u_L 和流过的电流 i_L 必须满足微分方程式：

$$u_L=L\frac{\mathrm{d}i_L}{\mathrm{d}t} \tag{5.7}$$

可以采用隐式梯形法在 t 时刻进行差分化，并做一定的算法上的改动：

$$\begin{aligned}&\frac{\mathrm{d}i_L}{\mathrm{d}t}=\frac{1}{L}u_L\\&\frac{i_L(t)-i_L(t-\Delta t)}{\Delta t}=\frac{1}{2L}((1+\alpha)u_L(t)+(1-\alpha)u_L(t-\Delta t))\end{aligned} \tag{5.8}$$

式中，α 为系数，取值为 –1 时计算采用欧拉法积分格式(不稳定)，取值为 0 时计算采用隐式梯形积分格式，取值为 1 时计算采用后退欧拉法格式，取值为 0～1 时介于后退欧拉法和隐式梯形积分之间。

系数 α 在 0 和 1 之间切换，积分格式也就在后退欧拉法和隐式梯形积分之间灵活切换；α 取值为 0～1 时，有时被称作阻尼梯形法，这种算法并不能彻底消除数值振荡，只能得到一些缓解。

如果表示成导纳矩阵的形式，进一步简化变形为

$$i_L(t)=\frac{\Delta t(1+\alpha)}{2L}u_L(t)+\mathrm{hist}_L(t-\Delta t) \tag{5.9}$$

式中，$\mathrm{hist}_L(t-\Delta t)=i_L(t-\Delta t)+\frac{\Delta t(1-\alpha)}{2L}u_L(t-\Delta t)$，为上一步对本步的影响。

如果代入图 5.1 中的支路 13，表示成与前面一致的支路导纳方程的形式：

$$\frac{\Delta t(1+\alpha)}{2L}u_1(t)-\frac{\Delta t(1+\alpha)}{2L}u_3(t)+\mathrm{hist}_L(t-\Delta t)=i_{13}(t) \tag{5.10}$$

式中

$$\begin{aligned}\mathrm{hist}_L(t-\Delta t)&=\mathrm{hist}_{13}(t-\Delta t)\\&=i_{13}(t-\Delta t)+\frac{\Delta t(1-\alpha)}{2L}(u_1(t-\Delta t)-u_3(t-\Delta t))\end{aligned}$$

支路 14 为电容器件，必须满足微分方程式：

$$i_C=C\frac{\mathrm{d}u_C}{\mathrm{d}t} \tag{5.11}$$

用同样的推导过程差分化以后，表示成支路导纳方程的形式：

$$\frac{2C}{\Delta t(1+\alpha)}u_1(t)-\frac{2C}{\Delta t(1+\alpha)}u_4(t)+\mathrm{hist}_C(t-\Delta t)=i_{14}(t) \tag{5.12}$$

式中

$$\begin{aligned}\mathrm{hist}_C(t-\Delta t)&=\mathrm{hist}_{14}(t-\Delta t)\\&=-\frac{1-\alpha}{1+\alpha}i_{14}(t-\Delta t)-\frac{2C}{\Delta t(1+\alpha)}(u_1(t-\Delta t)-u_4(t-\Delta t))\end{aligned}$$

支路 15 为传输线，忽略损耗后，可以采用波动方程表示：

$$\begin{aligned}-\frac{\partial u}{\partial x}&=L'\frac{\partial i}{\partial t}\\-\frac{\partial i}{\partial x}&=C'\frac{\partial u}{\partial t}\end{aligned} \tag{5.13}$$

式中，L' 和 C' 为线路单位长度的电感和电容，设定 x 为两端的距离，这个波动方程的解为

$$
\begin{aligned}
i &= F(x-ct) - f(x+ct) \\
u &= ZF(x-ct) + Zf(x+ct)
\end{aligned} \tag{5.14}
$$

式中，$F(x-ct)$ 和 $f(x+ct)$ 为用 $x–ct$ 和 $x+ct$ 表示的函数（时间/距离），c 为波的传播速度（常数）；Z 为波阻抗，$Z=\sqrt{L'/C'}$（常数）。

如果支路 15 传输线的长度为 l，一个波沿线路以波速 c 前进，那么波在两端之间的传播时间为 $\tau = l/c$。

通过差分化，可以将支路 15 的电流表示为

$$
\frac{1}{Z}u_1(t) + \text{hist}_{15}(t-\tau) = i_{15}(t) \tag{5.15}
$$

式中

$$
\text{hist}_{15}(t-\tau) = -\frac{1}{Z}u(t-\tau) - i_{51}(t-\tau)
$$

合并节点 1 的这几条支路，就可以得到节点 1 的节点电压方程式：

$$
\begin{aligned}
&\left[\frac{1}{R} + \frac{\Delta t(1+\alpha)}{2L} + \frac{2C}{\Delta t(1+\alpha)} + \frac{1}{Z}\right]u_1(t) - \frac{1}{R}u_2(t) \\
&-\frac{\Delta t(1+\alpha)}{2L}u_3(t) - \frac{2C}{\Delta t(1+\alpha)}u_4(t) \\
&= i_1(t) - \text{hist}_{13}(t-\Delta t) - \text{hist}_{14}(t-\Delta t) - \text{hist}_{15}(t-\tau)
\end{aligned} \tag{5.16}
$$

这里可以看到，该方程式的构成如下：

(1) $\frac{1}{R}$、$\frac{\Delta t(1+\alpha)}{2L}$、$\frac{2C}{\Delta t(1+\alpha)}$ 都是支路导纳，在节点 1 的自导纳和其他与之相连节点的互导纳中都有体现。

(2) $i_1(t)$ 为节点 1 自身的注入电流，注入节点 1 为电流的正方向。

(3) $\text{hist}_{13}(t-\Delta t)$、$\text{hist}_{14}(t-\Delta t)$ 为电感电容支路的上一步的历史电流，支路电流为流出节点 1，因此在方程式中取负值。

(4) Z 是波阻抗，与线路的参数有关，与 Z 相关联的项只有本地电压，与对侧电压无关（只有自导纳，无互导纳）；$\text{hist}_{15}(t-\tau)$ 为传输线由于波传导过程产生的延时，体现在方程的右端项中，必须满足 $\tau > \Delta t$（仿真步长必须小于传输线的延时）。

(5) 从支路 5 的波阻抗和波传播的历史值可以看出，节点 1 与节点 5 的计算是解耦的，可以独立计算，计算 t 时刻时，只需要用到对侧 $t–\tau$ 时刻的电流值，这个特性用于各个网的并行计算，只需要满足传输线的延时超过仿真步长就可以

实现大网的自然分割与并行仿真。

对于 n 个节点的电网，写出 n 个上述的方程后，可以得到整个网络的节点导纳方程式的矩阵形式：

$$\boldsymbol{G}\boldsymbol{u}(t)=\boldsymbol{i}(t)-\textbf{hist} \tag{5.17}$$

式中，$\boldsymbol{G}$ 为节点导纳方程，$n\times n$ 阶；$\boldsymbol{u}(t)$ 为节点电压向量，$n\times 1$ 阶；$\boldsymbol{i}(t)$ 为节点电流源向量，$n\times 1$ 阶；**hist** 为各支路历史电流向量，$n\times 1$ 阶。

以上通过一个简单的例子，阐述了电磁暂态仿真中常用的元件的差分化方法以及如何转换为节点导纳方程来求解整个网络的电压，满足微分方程解法以及基尔霍夫电流定律和基尔霍夫电压定律的要求。

5.3　电力电子仿真中遇到的问题

在电力系统的电磁暂态实时仿真中，需要对大量的电力电子设备进行建模仿真，如 12 脉动换流桥、多电平换流桥、2 电平/3 电平 VSC 等。这些电力电子设备中存在大量的开关器件，如二极管、晶闸管、IGBT 等，它们的导通和关断将引起网络拓扑结构的变化，在使用 EMTP 类的隐式梯形算法求解时则需要从整体算法、步长、状态以及网络方程等多方面做出相应的调整。

1. 准确开关动作时刻的确定

电磁暂态仿真，尤其是现代电力系统仿真包含了大量开关器件，这些开关的开通和关断并不一定在固定间隔的时间点上，因此，EMTP 类的固定步长算法不能准确地描述这些开关过程。

下面以关断一个二极管(或晶闸管)为例，来说明 EMTP 定步长仿真中对开关动作的处理。如图 5.2 所示，假设仿真步长Δt=1.0，当采用定步长且不使用插值法时，程序的处理步骤如下。

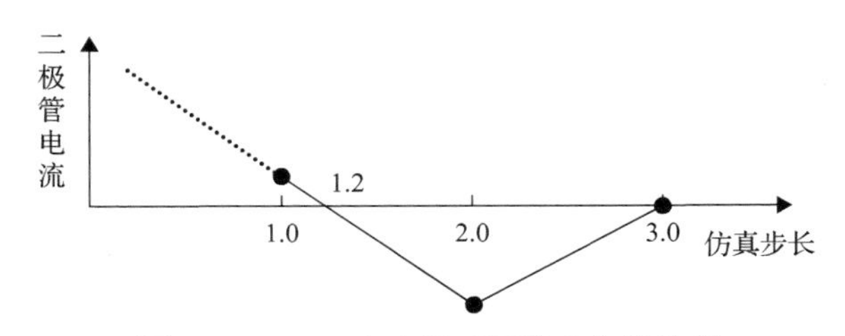

图 5.2　EMTP 定步长对开关动作的处理

(1) 在整数步长时刻 1.0 时，程序计算得到二极管的电流为正，二极管导通；在整数步长时刻 2.0 时，程序计算得到二极管的电流为负(而实际的动作时刻应该在非整数步长时刻 1.2 附近）。

(2) 二极管电流过零这个信息直到下一个整仿真步长时刻 3.0 仿真步长才被处理，将二极管关断，此时网络结构改变，重新形成导纳矩阵并将其三角化。

由此可见，二极管电流实际上是在第一个仿真步长和第二个仿真步长之间的时刻 1.2 仿真步长处过零并关断的。二极管在程序中的关断时刻 3.0 仿真步长与实际关断时刻 1.2 的误差为 1.8 个仿真步长(如果仿真步长采用 50μs，相当于 1.62°电角度)。

这种误差会导致以下的负面影响[4]：①网络中开关的状态错误，导致网络和控制器求解错误；②由于各个开关器件之间存在动作的关联性，一个开关的误动作会引起其他一系列开关无法正确动作；③由于不能在准确过零点动作，电流或电压出现冲击，引起控制系统误动或非典型谐波。

尤其在直流系统仿真中，由于需要通过直流电流来判断过零时刻求取熄弧角，准确的过零点显得尤为重要，过零时刻的误差很可能导致对是否发生换相失败产生完全不一致的结果。

由于这一误差是由固定步长引起的，可以通过调整步长来解决这一问题，调整步长的方法主要有两种。

(1) 减小仿真步长[5]：显然，仿真步长越小，开关时刻出现在两个离散时间点之间导致的误差就越小，但增加了计算机的计算量。而且，由于受到仿真实时性的约束，仿真步长不可能无限减小，即存在一个下界。即使取许可的最小步长，这一误差仍然存在，且未必能达到准确性的要求。

(2) 可控仿真步长[6]：可以用一个步长控制算法在仿真过程中动态地调整步长。这虽然比直接减小整个仿真过程中的步长的计算量小，但增加了算法的复杂程度，而且也受到实时性的约束，准确性未必能够得到保证。

2. 数值振荡问题

在进行电力系统电磁暂态仿真时，应用梯形法则将时间离散化时易于产生数值振荡[7]。由于开关和器械动作，网络结构变化，如含有电感的电路直接断开、电力电子设备的导通与截止等，非状态变量在事件发生后在真解附近不正常地摆动，这是电磁暂态仿真中的数值振荡现象。例如，开关断开电感支路电流时，电感两端电压会围绕正确值数值振荡；同样，当某一电压源通过开关向电容器突然充电时，电容器电流也会呈现类似的数值振荡现象；此外，在非线性电感的工作状态发生变化(如从饱和区至不饱和区，或者相反)时也会出现数值振荡现象[8-10]。

电力系统仿真中的数值振荡问题通常有三类：第一类是开关器械动作、网络结构变化引起的非状态变量(如电感元件的电压、电容元件的电流等)的不正常摆动；第二类是控制系统和主系统之间的一步时滞引起的数值不稳定；第三类是在仿真控制系统时，如果限幅器处理不当，也会发生数值不稳定现象。

3. 同步开关问题

同步开关(simultaneous switching)是指在仿真过程的某个时刻有多个开关动作的情况[11]，它通常表现为由一个开关动作而引起的连锁反应。在电力电子装置中，有许多电力电子设备的关断和闭合互为因果关系，例如，GTO 的关断造成其他电力电子设备如二极管的闭合；再如，在 Buck 电路，当 IGBT 在电感电流不为零的时刻关断时，为了保证电感电流连续，二极管应在 IGBT 关断的瞬间导通等，它们虽为因果关系，但实际上在同一瞬间完成，因此应把它们看成同一瞬间的行为。研究表明，在存在同步开关的情况下，必须在同步开关动作时刻对系统重新进行初始化才能得到正确的结果[12]。

4. 多重开关

仿真时，在一个步长内的不同时刻会出现多次开关动作，这样的情况称为多重开关(multiple switching)[13]。多重开关的出现取决于以下因素：①电力电子设备的开关频率；②电力电子子系统的复杂性；③仿真步长。一般来说，当电力电子设备的开关频率和仿真步长的数量级相差不大，且系统越复杂时，在一个仿真步长内可能动作的开关就越多。对于较复杂的电力电子电路而言，出现多重开关的情况不可避免。理论上，可以通过减小仿真步长消除多重开关现象，实际应用中则要求算法在步长变化时具有较强的稳定性。

5.4　主要的处理方法

5.4.1　插值技术

定步长仿真算法只能在步长的整数倍时刻改变开关状态，这将导致开关动作时间上的延迟并造成电压电流波形出现不真实的“尖峰”，即非特征谐波。因此，为了提高仿真精度，必须要求定步长算法能够精确考虑开关的动作时刻。一种方法是，在出现开关动作的步长内改用小步长积分到开关动作的准确时刻，这样需要重新计算各元件的等效电导且花费更多的时间用于形成节点电导矩阵并求解。另一种更为有效且被广泛使用的方式是采用线性插值的方法[14]，此时不用重新进行积分就能“还原”到开关动作时刻前系统中的各变量值。线性插值算法简单、快速、有效，它假设在相邻的两次开关动作之间的系统特性可以用线性关系进行拟合，这在步长较小的情况下是合适的。

1. 基本插值算法

图 5.3 表示使用基本插值算法[4,15]时，一个二极管的关断过程，在进行计算之前，需要事先将所有开关元件的动作标准（包括动作判据和满足动作判据后相应的操作）存放于一个轮询表中，判据可以是时间判据（如时间开关等），也可以是电压、电流判据（如二极管、晶闸管等），使用轮询表是为了便于程序处理多重开关的情况，对于所示例子其处理步骤如下。

(1) 在第一个整仿真步长时刻 1.0 时，程序计算得到二极管的电流为正，二极管导通；在第二个整仿真步长时刻 2.0 时，程序计算得到二极管电流为负。

(2) 程序检测轮询表，检查所有开关元件是否满足动作条件，如二极管的动作标准就是当其电流为负时改变其电阻为一个很大的值（即 R_{off}），对于满足开关动作条件的元件使用线性插值法计算出其动作时刻并反馈一个相应的 X 值，$0.0 < X < 1.0$，如此例中的二极管反馈 X=0.2，然后找出最小的 X 值，即找到最先动作的开关，使用线性插值法计算出全系统的电压、电流在此开关动作时刻的值，然后对此开关进行相应的闭合或导通操作，即重新形成导纳矩阵并将其三角化。

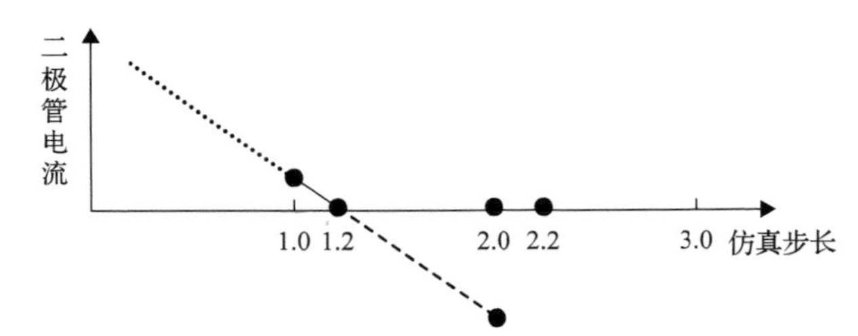

图 5.3　使用基本插值算法的定步长二极管关断过程仿真

假设此例中最先动作的就是此二极管，则相应的电压、电流计算公式为

$$u(1.2) = u(1.0) + 0.2[u(2.0) - u(1.0)] \tag{5.18}$$

$$i(1.2) = i(1.0) + 0.2[i(2.0) - i(1.0)] \tag{5.19}$$

式中，$u(2.0)$ 和 $i(2.0)$ 为时刻 2.0 的二极管两端电压和流过的电流值；$u(1.2)$ 和 $i(1.2)$ 为时刻 1.2 的二极管两端电压和流过的电流值；$u(1.0)$ 和 $i(1.0)$ 为时刻 1.0 的二极管两端电压和流过的电流值。

更一般的表达式为

$$u(T - \Delta t + X \cdot \Delta t) = u(T - \Delta t) + X \cdot [u(T) - u(T - \Delta t)] \tag{5.20}$$

$$i(T - \Delta t + X \cdot \Delta t) = i(T - \Delta t) + X \cdot [i(T) - i(T - \Delta t)] \tag{5.21}$$

式中，T 为此步计算结束的时刻；Δt 为计算步长。

(3) 程序从时刻 1.2 开始，按照原来的步长继续向前推进一步到时刻 2.2，再次检测轮询表，判断在时刻 1.2 和时刻 2.0 之间是否有开关元件满足动作条件，若有，转向步骤(2)；若无，转向步骤(4)。

(4) 在时刻 1.0 到时刻 2.0 这一个步长内所有开关的动作都已处理完毕，最终插值计算时刻 2.0 的网络方程，完成此步计算。

2. 三次插值

实际仿真中，为了消除数值振荡，PSCAD/EMTDC 会在每一次开关动作之后的步长点自动增加两次 $1/2\Delta t$ 插值计算，这种技术称为三次插值。

以上例说明，具体而言就是在进入步骤(4)之前，先使用 $1/2\Delta t$ 插值求解出时刻 1.7(即时刻 1.2 和 2.2 的中间时刻)的网络状态，然后使用梯形法按原步长向前推进一步，计算出时刻 2.7 的网络状态，再次使用 $1/2\Delta t$ 插值求解出时刻 2.2(即时刻 1.7 和 2.7 的中间时刻)的网络状态，最终进入步骤(4)，插值计算出时刻 2.0 的网络方程，完成从时刻 1.0 到 2.0 这一时步的计算。图 5.4 表示了三次插值的处理过程。

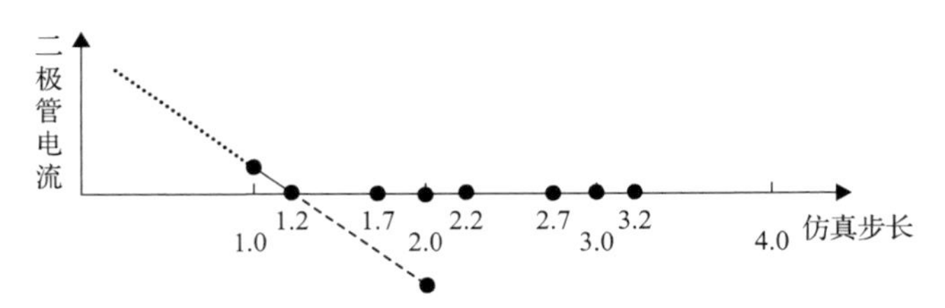

图 5.4　使用三次插值技术的定步长二极管关断过程仿真

对于动作时间差在 $0.01\%\Delta t$ 内的开关元件，PSCAD/EMTDC 认为它们同时动作，即在同一时刻将其开断，这样做是为了防止在一个仿真步长内过多的开关操作，保证程序每一步至少向前推进 $0.01\%\Delta t$。

5.4.2　阻尼梯形法

为了消除非原型的数值振荡，人们提出了许多解决方法，后退欧拉法就是一种稳定性好，又不产生数值振荡的方法，但其缺点是精度较低。Brandwajn[16]和 Alvarado 等[17]都介绍了一种针对梯形法的改进算法——阻尼梯形法[18]，用以解决数值振荡问题。阻尼梯形法即为隐式梯形法和后退欧拉法的加权混合算法，其消除数值振荡的基本思想如图 5.5 所示：在每个电感元件旁并联一个大电阻 R_p，在每个电容元件上串联一个小电阻 R_p，由电感和电容元件的特点可知 R_p 将对高频分量进行衰减，而对低频分量影响较小。选定不同的 R_p 可以获得不同的衰减速度。

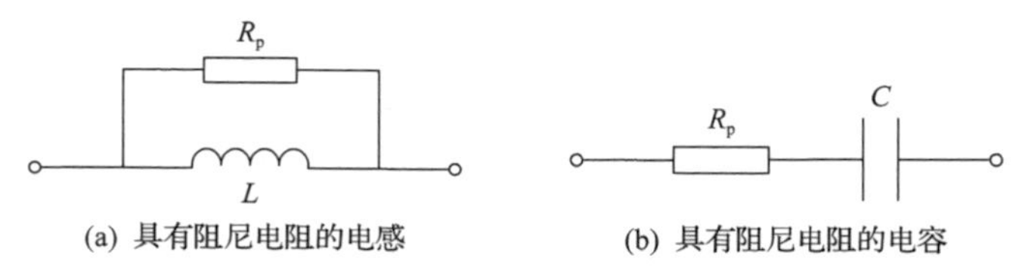

(a) 具有阻尼电阻的电感　　(b) 具有阻尼电阻的电容

图 5.5　阻尼梯形法

以电感元件为例，其满足的微分方程为

$$u = L\frac{\mathrm{d}i}{\mathrm{d}t} \tag{5.22}$$

采用梯形法时，其电压满足的计算公式为

$$u(t) = \frac{2L}{\Delta t}\left[i(t) - i(t-\Delta t)\right] - u(t-\Delta t) \tag{5.23}$$

采用阻尼梯形法，其电压满足的计算公式为

$$u(t) = \frac{1}{\dfrac{\Delta t}{2L} + \dfrac{1}{R_\mathrm{p}}}\left[i(t) - i(t-\Delta t)\right] - \frac{R_\mathrm{p} - \dfrac{2L}{\Delta t}}{R_\mathrm{p} + \dfrac{2L}{\Delta t}}u(t-\Delta t) \tag{5.24}$$

定义阻尼因子 α 为

$$\alpha = \frac{R_\mathrm{p} - \dfrac{2L}{\Delta t}}{R_\mathrm{p} + \dfrac{2L}{\Delta t}} \tag{5.25}$$

只要满足 $\alpha < 1$，即便是发生了数值振荡，也可以使振荡很快衰减至零，数值振荡就可以得到抑制。不同的阻尼因子对应的计算公式精度不同。阻尼因子 α 可根据情况任意选取，α 增大，则振荡衰减加快，但精度随之降低；当 α=1 时，退化为后退欧拉法；当 α=0 时，即为梯形法[17]。该方法可以有效地减轻振荡影响，但以牺牲精度作为代价，而且 α 的选取是凭经验估计试探的，不易确定最佳值，文献[17]给出了建议值，一般取 α=0.15。

由于阻尼梯形法是基于试验得出的方法，其中阻尼因子的选取完全凭经验估计、试探，且精度较低，故这种方法在数字仿真中的应用并不广泛。为了改进这种算法，必须对阻尼梯形法在理论上加以研究和分析。如果能对其计算精度进行分析，并找出相应的改进算法以提高精度，则阻尼梯形法不失为一种消除数值振荡的好算法。文献[18]在深入分析阻尼梯形法误差的基础上，从频谱的观点出发，提出了阻尼梯形法的修正公式。理论推导和实例计算都表明，修正后的阻尼梯形法精度大大提高，其稳态误差能趋近于零，这样就使得其抑制非原型数值振荡的优点突现出来，为阻尼梯形法在仿真计算中的应用创造了条件。为实现跃变量计算，文献[18]还提出了修正的阻尼计算方法并做了适当的近似与简化，该方法保持了导纳矩阵不变，同时仍有较好的精度。因此，修正后的阻尼梯形法不失为一种较好的算法，可以在电力系统数字仿真，特别是在消除非原型数值振荡方面发挥重要的作用。

5.4.3　临界阻尼法

EMTP 使用临界阻尼(critical damp adjustment，CDA)法[19,20]来抑制数值振荡，其主要原理就是利用后退欧拉法的优势——后退欧拉法能避开非状态变量在突变时刻的值，从而不会产生数值振荡。其计算步骤如下[21]。

(1)在一般情况下仍然使用隐式梯形积分法，其时间步长为 Δt。

(2)若在 $t=t_z$ 时刻网络发生突变，采用后退欧拉法，其步长改为 $\Delta t/2$，共进行 2 次步长为 $\Delta t/2$ 的后退欧拉法积分计算。

(3)在 $t_z+\Delta t$ 后，继续采用隐式梯形积分法计算，其步长恢复到 Δt。

研究表明，2 个半步长的后退欧拉法基本可以消除数值振荡，而且，也必须经过 2 次后退欧拉法才能消除网络突变引起的数值振荡，主要原因如下。

(1)第 1 个半步长后退欧拉法计算出了正确的状态变量，而非状态变量可能是一个冲击响应，并且在某些特殊算例中，需要根据这个非状态变量的冲击响应进行网络突变的判断和操作。

(2)第 2 个半步长后退欧拉法才是真正消除数值振荡的有效步骤。

最初在进行 CDA 法研究时，研究人员认为第 1 个半步长后退欧拉法的作用只是为第 2 个半步长后退欧拉法提供初值，其本身没有物理意义，因此在第 1 个半步长后退欧拉法结束时不进行网络突变判断，而将它留到整数步长时刻进行判断。后来才发现这个观点是错误的，第 1 个半步长后退欧拉法的结果反映了瞬变过程的冲激信号特性，其物理意义十分明显，结果不可忽略，必须进行网络突变的判断和操作。中国电力科学研究院林集明教授等在其开发的电磁暂态程序 EMTPE 中，应用该思路改进了电磁暂态程序，并将这种改进后的能反映冲激信号特性的 CDA 法称为改进的 CDA(improved CDA，ICDA)法[20]。

CDA 法(包括 ICDA 法)既保留了隐式梯形积分法精度高、稳定性好、编程简单的优点，又能消除数值振荡，已经作为 EMTPE 和 EMTP-RV 默认使用的算法[20,21]。

5.5　考虑任意重事件发生的多步变步长电磁暂态仿真算法

为了能胜任电网中大量出现的直流、柔直、新能源等电力电子设备的仿真研究，全电磁暂态仿真程序 PSModel 在吸取了中国电力科学研究院林集明教授[21]等提出的同步响应法以及临界阻尼法的基础上，提出了自己的一套考虑任意重事件发生的多步变步长电磁暂态仿真算法[22]。

在全电磁暂态计算中，事件主要指电力电子开关的动作、断路器开关的开断操作、网络故障及变压器/发电机等饱和段的改变等。每一步计算完毕后，程序都要检测是否有事件发生：如果在这一步没有事件发生，就表明计算成功，可进入下一步计算；如果有事件发生，就需要对事件进行处理。以仿真时间段 $t \sim t+\Delta t$ 为例，假设事件发生在中间时刻 $t+\Delta t'$，具体的处理过程如图 5.6 所示。

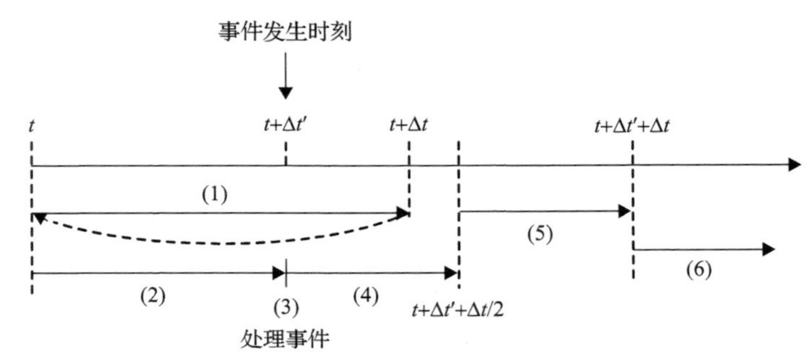

图 5.6　PSModel 的事件处理过程

具体算法流程图见图 5.7。

具体的处理步骤如下。

(1) 时段 $t \sim t+\Delta t$ 计算后，判断在这一步计算中间是否发生了事件，如果没有发生，则这一步计算成功；否则，这一步计算没有成功，但可以根据计算结果判断出在时刻 $t+\Delta t'$ ($\Delta t' < \Delta t$) 发生了事件，这一步计算结果抛弃。

(2) 回退到时刻 t，以时刻 t 的网络状态计算 $t \sim t+\Delta t'$ 时段，由于这一步计算的步长由 Δt 变为 $\Delta t'$，导纳矩阵的值也会发生改变，需要重新形成和分解方程式。

(3) 在 $t+\Delta t'$ 时刻处理事件，改变网络状态可能会改变导纳矩阵的值或结构。

(4) 用新的网络状态和导纳矩阵的值，采用后退欧拉法和 $\Delta t/2$ 步长，对时段 $t+\Delta t' \sim t+\Delta t'+\Delta t/2$ 进行仿真。

(5) 再次采用后退欧拉法和 $\Delta t/2$ 步长，对时段 $t+\Delta t'+\Delta t/2 \sim t+\Delta t'+\Delta t$ 进行仿真。

(6) 继续进行下一次计算以及对开关动作的判断。

在复杂系统的计算中，很可能在应用后退欧拉法处理断点时又发生了事件。PSModel 只需调整事件发生的时间，仍然多次继续使用后退欧拉法，就可应付任意复杂连续事件发生的情况。

图 5.8 是一个典型的例子，GTO 初始为导通状态，二极管一直处于截止状态，在 0.09s 时刻 GTO 关断的同时，二极管必须同时导通，否则电感 L_1 的电流出现断流，在电感两端产生很高的电压，仿真程序找到了 GTO 和二极管的相互关系，并

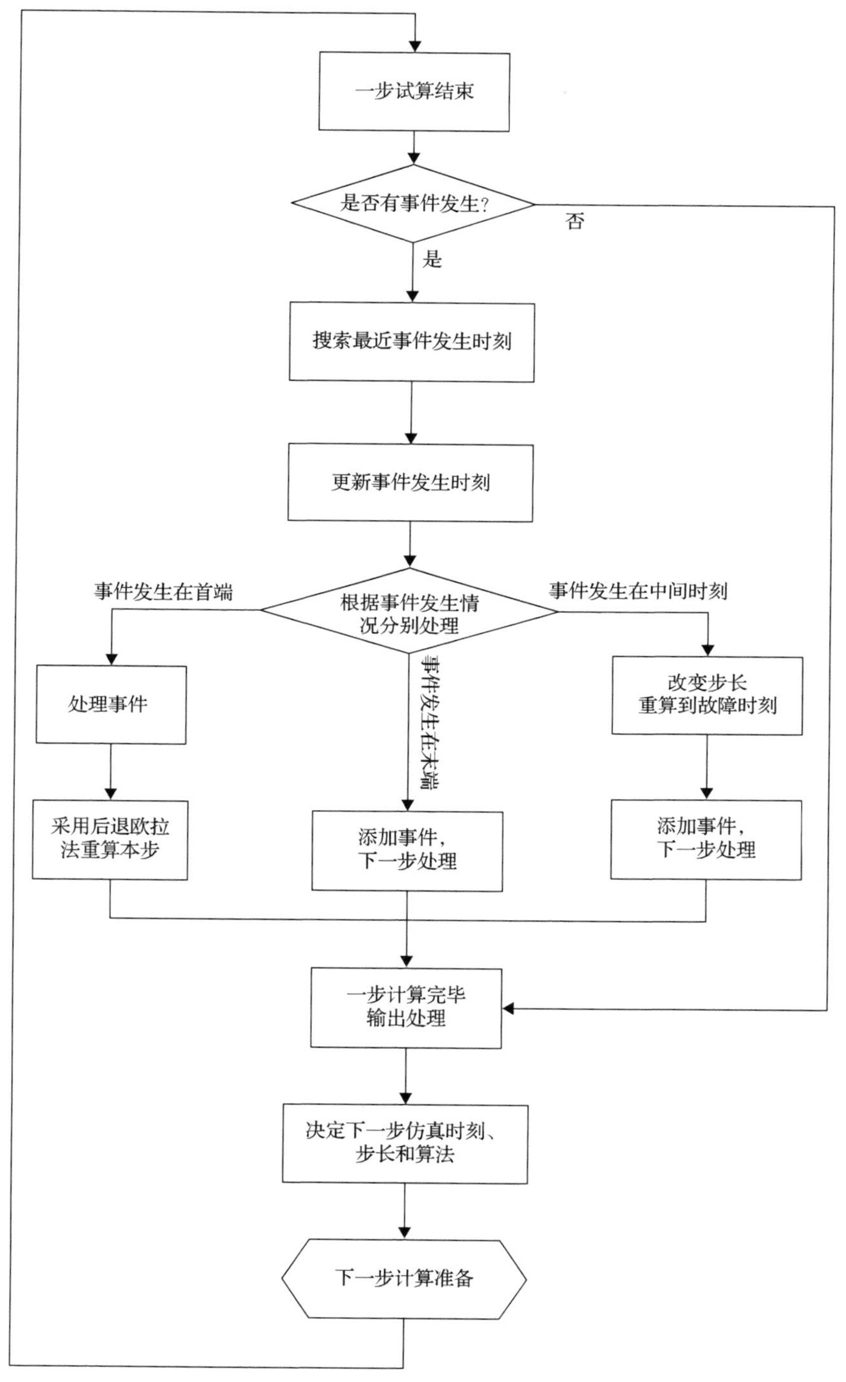

图 5.7　考虑任意重事件发生的多步变步长电磁暂态仿真算法流程

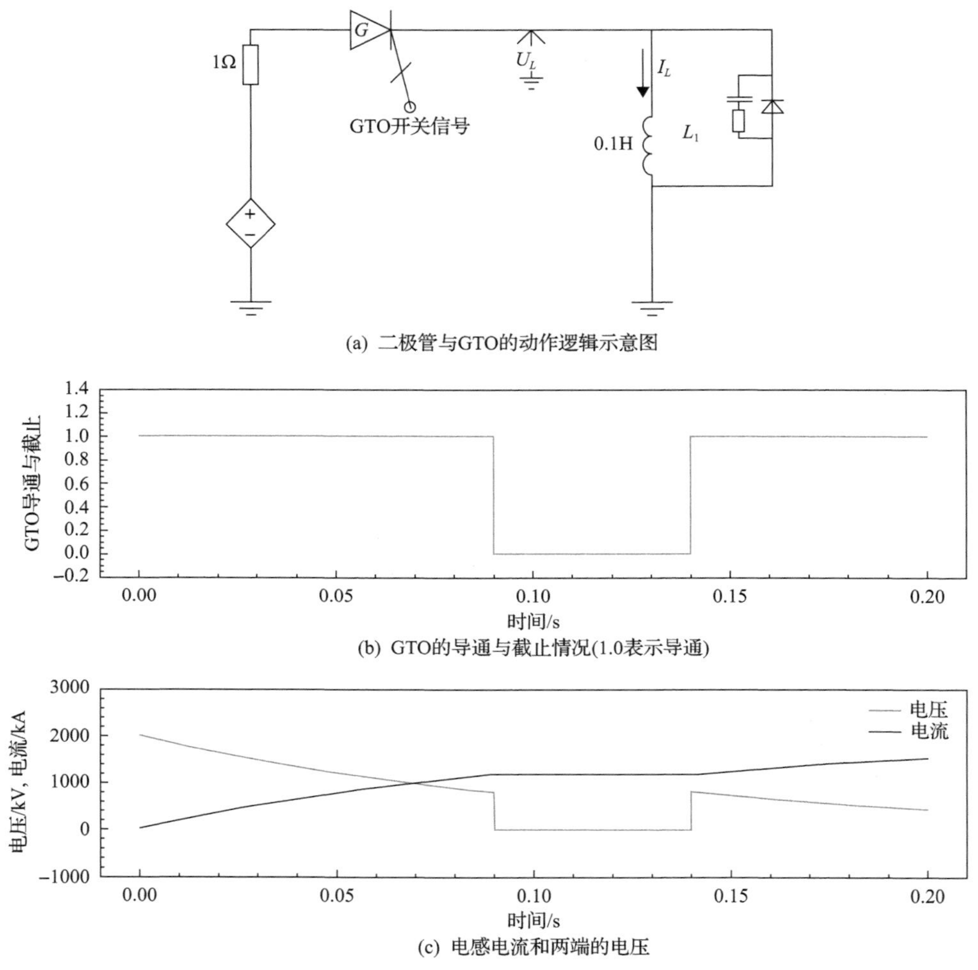

图 5.8　开关动作的关联性

在 0.09s 时刻完成两个开关的同时动作。图 5.8 中，L_1 为 0.1H 的电感，U_L 为电感两端电压，I_L 为流过电感的电流。

该算法和同步响应法都采用后退欧拉法消除隐式梯形积分法在网络突变时带来的数值振荡问题，但是相比采用两个半步仿真步长后退法欧拉法策略的同步响应法，该算法采用精确插值到过零点、自动调整步长重算、每次计算都要检测开关状态、多次采用后退欧拉法消除数值振荡的方案，可以彻底解决电力电子仿真中开关过零点、同步开关、多重开关和数值振荡等难点问题，因此 PSModel 在直流仿真、MMC 柔直仿真、新能源仿真中都是相当稳定的，对步长的适应性也非常好。

采用该算法仿真的直流阀电压波形如图5.9所示，不存在数值振荡问题，且采用2μs步长和2ms步长的仿真结果基本一致。

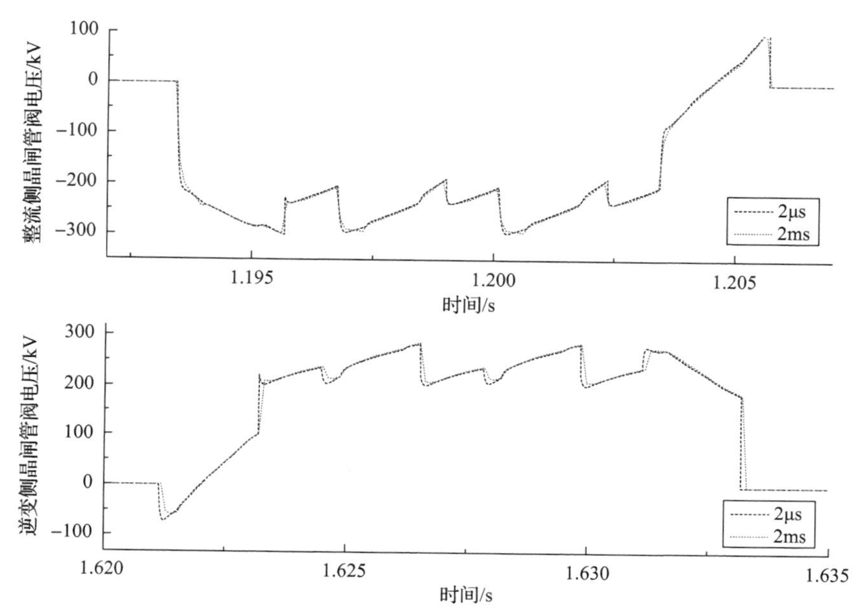

图5.9　直流阀电压波形在不同步长下的计算结果

当然，该算法的缺点也是显而易见的，由于需要多次重算，有时候这种多次重算完全无法避免，必然降低仿真效率(计算量加大10%～20%)，对于一些实时仿真系统可能无法接受，但是对于离线的全电磁暂态仿真程序并不是问题。

5.6　本章小结

随着直流、柔直、新能源、储能等大量电力电子设备在电网中的出现，全电磁暂态仿真程序除了要应对传统电磁暂态仿真程序中发电机/变压器/线路/负荷等交流元件，还需要解决大量的开关动作引起的精确动作时间、同步开关、多重开关以及数值振荡等问题。

在本章中主要介绍了：

(1)传统电磁暂态程序中采用的隐式梯形算法、后退欧拉法等数值积分算法。

(2)几种基本电磁暂态元件按照数值积分格式差分化以及网络导纳的生成与求解。

(3)面对电力电子仿真中遇到的同步开关、多重开关和数值振荡等难点问题，全电磁暂态仿真程序提出了考虑任意重事件发生的多步变步长电磁暂态仿真算法。

参 考 文 献

[1] Butcher J C. Coefficients for the study of Runge-Kutta integration processes[J]. Journal of the Australian Mathematical Society, 1963, 3(2):185-201.

[2] 袁兆鼎，费景高，刘德贵. 刚性常微分方程初值问题的数值解法[M]. 北京：科学出版社，2016.

[3] Dommel H W, Sato N. Fast transient stability solutions[J]. IEEE Transactions on Power Apparatus and Systems, 1972, 91(4): 1643-1650.

[4] Faruque M O, Dinavahi V, Xu W S. Algorithms for the accounting of multiple switching events in digital simulation of power-electronic systems[J]. IEEE Transactions on Power Delivery, 2005, 20 (2): 1157-1167.

[5] Gole A M, Fernando I T, Irwin G D, et al. Modeling of power electronic apparatus: Additional interpolation issues[C]// Proceedings of the International Conference on Power Systems Transients 1997(IPST 1997), Seattle, 1997: 23-28.

[6] Lefebvre S, Gerin-Lajoie L. A static compensator model for the EMTP[J]. IEEE Transactions on Power Systems, 1992, 7 (2): 477-486.

[7] 黄家裕，陈礼义，孙德昌. 电力系统数字仿真[M]. 北京：水利电力出版社, 1995.

[8] 陈超英，贺家李. 电力系统数字仿真中消除非原型振荡的一种新方法——龙-库-梯法[J]. 中国电机工程学报, 1995(3): 210-216.

[9] 刘益青，陈超英. 用以消除数值振荡的阻尼梯形法误差分析与修正[J]. 中国电机工程学报, 2003(7): 57-61.

[10] 张益，周群. 电力系统数字仿真中的数值振荡及对策[J]. 上海交通大学学报, 1999(12): 1545-1549.

[11] Sana A R, Mahseredjian J, Dai-Do X, et al. Treatment of discontinuities in time-domain simulation of switched networks[J]. Mathematics and Computers in Simulation, 1995, 38: 377-387.

[12] Lin J M. Elimination of undemonstrable phenomena in the EMTP[J]. 1998 International Conference on Power System Technology-Proceedings, 1998, 1: 895- 899.

[13] Alexander R. Diagonally implicit Runge-Kutta methods for stiff ODE's[J]. SIAM Journal on Numerical Analysis, 1977, 14(6): 1006-1021.

[14] Strunz K. Flexible numerical integration for efficient representation of switching in real time electromagnetic transients simulation[J]. IEEE Transactions on Power Delivery, 2004, 19 (3): 1276-1283.

[15] Kuffel P, Kent K, Irwin G. The implementation and effectiveness of linear interpolation within digital simulation[J]. International Journal of Electrical Power & Energy Systems, 1997, 19 (4): 221-227.

[16] Brandwajn V. Damping of numerical noise in the EMTP solution[J]. EMTP Newsletter, 1982, 3 (2): 10-19.

[17] Alvarado F L, Lasseter R H, Sanchez J J. Testing of trapezoidal integration with damping for the solution of power transient problems[J]. IEEE Transactions on Power Apparatus and Systems, 1983, 102 (12): 3783-3790.

[18] Gao W, Solodovnik E, Dougal R, et al. Elimination of numerical oscillations in power system dynamic simulation[C]// Eighteenth Annual IEEE Applied Power Electronics Conference and Exposition, Miami Beach, 2003: 790-794.

[19] Marti J R, Lin J. Suppression of numerical oscillations in the EMTP power systems[J]. IEEE Transactions on Power Systems, 1989, 4 (2): 739-747.

[20] Lin J M, Marti J R. Implementation of the CDA procedure in the EMTP[J]. IEEE Transactions on Power Systems, 1990, 5 (2): 394-402.

[21] 林集明，陈珍珍. 电力电子和 FACTS 装置数字仿真软件包的研究与开发[J]. 中国电力, 2004(1): 33-37.

[22] 刘文焯，汤涌，侯俊贤,等. 考虑任意重事件发生的多步变步长电磁暂态仿真算法[J]. 中国电机工程学报, 2009(34): 9-15.

第 6 章　电磁暂态并行仿真技术

全电磁暂态仿真甚至需要对几万个三相节点的区域级或者跨区电网进行电磁暂态仿真，计算量巨大，必须采用并行方法对仿真计算加速。可以充分利用电力系统的稀疏性，采用并行数值积分方法[1-3]，将全系统整个问题的数值求解分割成若干个可以解耦的、独立求解的过程，但是一则由于算法实现难度过大，二则无法与装置内部拓扑结构紧密结合，这种思路很少采用；目前最实用的方法是充分利用新型计算机多 CPU 核心/多线程的特点，将一个大电网分割为多个子网络，多个 CPU 同时计算子网络，实现并行计算，子网络之间的信息通过通信进行交换，实时仿真装置 RTDS[4]、HYPERSIM[5]、ADPSS[6]以及离线的全电磁暂态仿真软件 PSModel 都是采用同样的思路，本章将介绍如何通过算法实现网络的分割和并行计算。

6.1　利用长传输线解耦的分网并行算法

电磁暂态仿真中，长线路采用分布参数模型后，可以形成如图 6.1 所示的等值模型，这样两侧节点自然分开，当仿真计算步长不大于波在线路上的传输时间时，在每个计算时刻，可将长距离输电线路两端的网络自然解耦，这种自然解耦特性使得仿真中所用的系统节点导纳矩阵不会因这条线路的存在而在线路首末两端对应节点上产生互导纳。这种利用分布参数线路模型将网络自然解耦进行并行计算的方法可以称为长输电线解耦分网并行算法[7]。

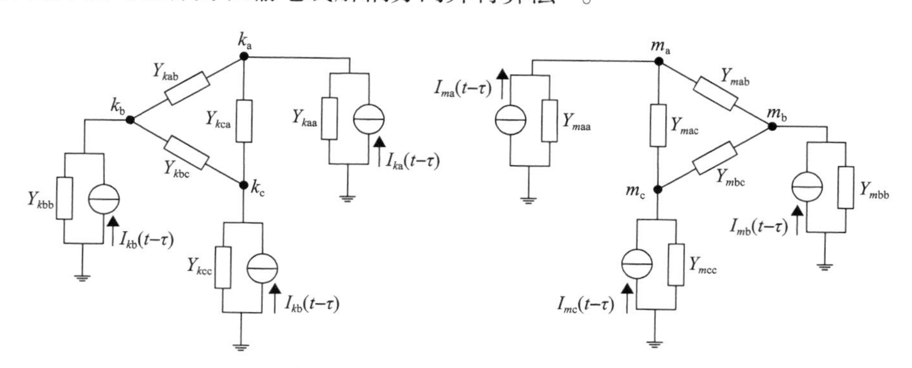

图 6.1　三相输电线路等值电路

图 6.1 中，Y 表示各支路导纳；k、m 表示三相输电线路两侧节点；a、b、c 用于区分三相节点；I 为电流源输出的电流；t 为当前时刻；τ 为波传播时间。

该算法利用波动方程描述的分布参数线路模型可将两端网络自然解耦的特点进行网络分割和并行计算，是电磁暂态并行分网中的最基本方法，是最简单，也是计算速度最快的算法，如果条件满足最好能尽量采用该算法进行网络分割。

应用长输电线解耦分网并行算法时，必须满足波在线路上的传输时间大于仿真步长的限定条件，对于一条三相平衡线路(三相线路均匀换位且参数相同)，其正序与负序参数一致，零序和正序参数不一样，必然存在正序和零序两个波速，波的传播延时的计算采用式(6.1)。

$$\omega_0 = 2\pi f_0,\quad \tau_1=\sqrt{L_1 \cdot C_1}=\frac{\sqrt{x_1^* \cdot B_1^*}}{\omega_0},\quad \tau_0=\sqrt{L_0 \cdot C_0}=\frac{\sqrt{x_0^* \cdot B_0^*}}{\omega_0} \tag{6.1}$$

式中，f_0为用于计算线路模型参数的频率；ω_0为f_0对应的角频率；L_1和C_1为正序电感和电容；x_1^*和B_1^*为正序电抗和电纳的标幺值；L_0和C_0为零序电感和电容；x_0^*和B_0^*为零序电抗和电纳的标幺值。

式(6.1)可以根据机电暂态数据提供的线路的电抗和电纳标幺值计算，也可以根据线路的长度除以光速近似估算，对于一个采用 50ms 仿真步长的电磁暂态仿真，可以进行解耦的传输线路长度需要超过 15km。

6.2　基于 MATE 的并行算法

应用长输电线解耦分网并行算法进行网络分割的输电线路长度必须超过15km，然而实际电网的分割并不一定都能满足该要求。Marti 等在修正节点分析法以及基于戴维南等效概念的基础上，提出了 MATE(multilevel-area thevenin equation)方法[8]，用于解决电力系统仿真中的分网不灵活的问题，其基本思想是将整个电力系统网络通过一些支路分割成多个子系统，计算各子系统不含连接支路时的节点电压，然后得到连接支路上的电流，再将连接支路电流的影响纳入各个子系统中，最终完成整个网络的求解，整个计算过程与采用戴维南形式的补偿法的思路基本一致。

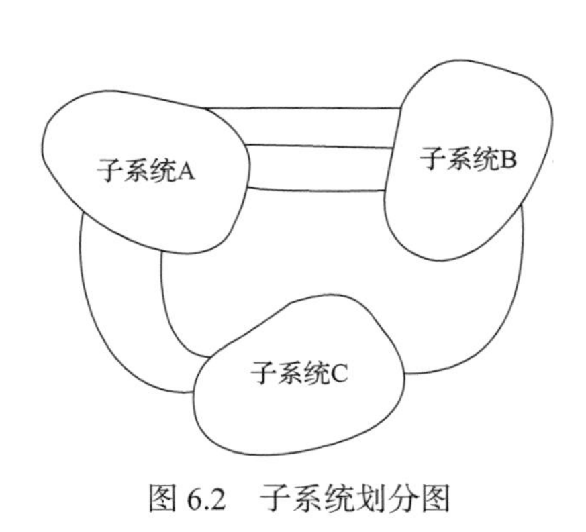

图 6.2　子系统划分图

采用 MATE 方法，可以利用网络中存在的集中参数线路或元件进行网络分割和并行计算，进一步增加了网络分割的灵活性。

为进一步说明 MATE 的概念，考察图 6.2 所示的系统。该系统被分为三个子系统 A、B、C，并通过 6 根连接线相连，该混合系统的修正节点方程如式(6.2)所示：

$$\begin{bmatrix} \boldsymbol{A} & 0 & 0 & \boldsymbol{p} \\ 0 & \boldsymbol{B} & 0 & \boldsymbol{q} \\ 0 & 0 & \boldsymbol{C} & \boldsymbol{r} \\ \boldsymbol{p}^{\mathrm{T}} & \boldsymbol{q}^{\mathrm{T}} & \boldsymbol{r}^{\mathrm{T}} & -\boldsymbol{z} \end{bmatrix} \begin{bmatrix} \boldsymbol{u}_{\mathrm{A}} \\ \boldsymbol{u}_{\mathrm{B}} \\ \boldsymbol{u}_{\mathrm{C}} \\ \boldsymbol{i}_{\alpha} \end{bmatrix} = \begin{bmatrix} \boldsymbol{h}_{\mathrm{A}} \\ \boldsymbol{h}_{\mathrm{B}} \\ \boldsymbol{h}_{\mathrm{C}} \\ -\boldsymbol{V}_{\alpha} \end{bmatrix} \tag{6.2}$$

式中，$\boldsymbol{A}$、$\boldsymbol{B}$、$\boldsymbol{C}$ 为子系统的导纳矩阵；$\boldsymbol{p}$、$\boldsymbol{q}$、$\boldsymbol{r}$ 为反映子系统某一节点与连接线电流负关联关系的关联矩阵；$\boldsymbol{h}_{\mathrm{A}}$、$\boldsymbol{h}_{\mathrm{B}}$、$\boldsymbol{h}_{\mathrm{C}}$ 为子系统的等值电流源列向量；$\boldsymbol{z}$ 为连接线的戴维南阻抗矩阵；$\boldsymbol{V}_{\alpha}$ 为连接线的戴维南电势列向量；$\boldsymbol{u}_{\mathrm{A}}$、$\boldsymbol{u}_{\mathrm{B}}$、$\boldsymbol{u}_{\mathrm{C}}$ 为子系统的节点电压列向量；$\boldsymbol{i}_{\alpha}$ 为连接线电流列向量。

对式(6.2)进行矩阵变换，得到：

$$\begin{bmatrix} \boldsymbol{A} & 0 & 0 & \boldsymbol{p} \\ 0 & \boldsymbol{B} & 0 & \boldsymbol{q} \\ 0 & 0 & \boldsymbol{C} & \boldsymbol{r} \\ 0 & 0 & 0 & \boldsymbol{z}_{\alpha} \end{bmatrix} \begin{bmatrix} \boldsymbol{u}_{\mathrm{A}} \\ \boldsymbol{u}_{\mathrm{B}} \\ \boldsymbol{u}_{\mathrm{C}} \\ \boldsymbol{i}_{\alpha} \end{bmatrix} = \begin{bmatrix} \boldsymbol{h}_{\mathrm{A}} \\ \boldsymbol{h}_{\mathrm{B}} \\ \boldsymbol{h}_{\mathrm{C}} \\ \boldsymbol{e}_{\alpha} \end{bmatrix} \tag{6.3}$$

式中

$$\begin{aligned} \boldsymbol{z}_{\alpha} &= \boldsymbol{p}^{\mathrm{T}}\boldsymbol{A}^{-1}\boldsymbol{p} + \boldsymbol{q}^{\mathrm{T}}\boldsymbol{B}^{-1}\boldsymbol{p} + \boldsymbol{r}^{\mathrm{T}}\boldsymbol{C}^{-1}\boldsymbol{p} + \boldsymbol{z} \\ \boldsymbol{e}_{\alpha} &= \boldsymbol{p}^{\mathrm{T}}\boldsymbol{A}^{-1}\boldsymbol{h}_{\mathrm{A}} + \boldsymbol{q}^{\mathrm{T}}\boldsymbol{B}^{-1}\boldsymbol{h}_{\mathrm{B}} + \boldsymbol{r}^{\mathrm{T}}\boldsymbol{C}^{-1}\boldsymbol{h}_{\mathrm{C}} + \boldsymbol{V}_{\alpha} \end{aligned} \tag{6.4}$$

每个仿真步长内，每个子系统将其修正的戴维南阻抗和电势传给连接线，利用式(6.5)求解连接线电流，并将连接线电流返回给各子系统，以求解子系统节点电压。

$$\boldsymbol{z}_{\alpha}\boldsymbol{i}_{\alpha} = \boldsymbol{e}_{\alpha} \tag{6.5}$$

通过上述步骤，可以看到，子系统 A、B、C 的每一步仿真计算都需要进行两次网络求解计算：①由于每个子系统的历史电流时刻变化，子系统 A、B、C 必须每一步都修正连接线的戴维南等效电压；②计算出连接线的电流后，用该电流修正各个子系统的节点电压。虽然两次网络相关的计算都可以通过三角分解后的下三角矩阵($\boldsymbol{L}$)和上三角矩阵($\boldsymbol{U}$)，利用前代法和回代法来完成，但毕竟增加了一次网络的求解过程，相比长输电线解耦分网并行算法，必然加大计算量。

6.3　节点分裂分网并行算法

基于 MATE 的分网方法，虽然不受限于输电线路的长度，但是不能处理一个子网为电磁暂态模型(采用 ABC 三相瞬时值)、另一个子网为机电暂态模型(采用正负零三序基波相量有效值）的情况。文献[9]提出了一种节点分裂分网并行算法进行网络分割，具体思路如下。

对于任意一个电力系统，假设根据网络分布可以将网络通过任意节点划分为三大块：子网 A、子网 B、子网 C，它们之间通过边界节点$[\alpha]$、$[\beta]$、$[\gamma]$相连（$[\alpha]$、$[\beta]$、$[\gamma]$表示边界点的集合），如图 6.3 所示。

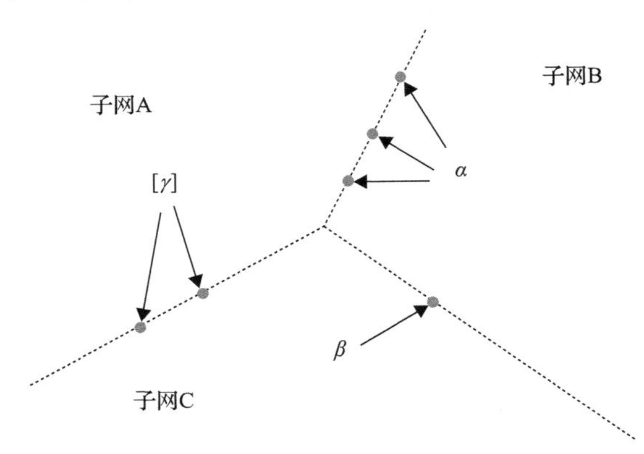

图 6.3　系统划分示意图（原始图）

将边界点一分为二，图 6.3 所示的电力系统又可以表示为图 6.4 所示的形式。

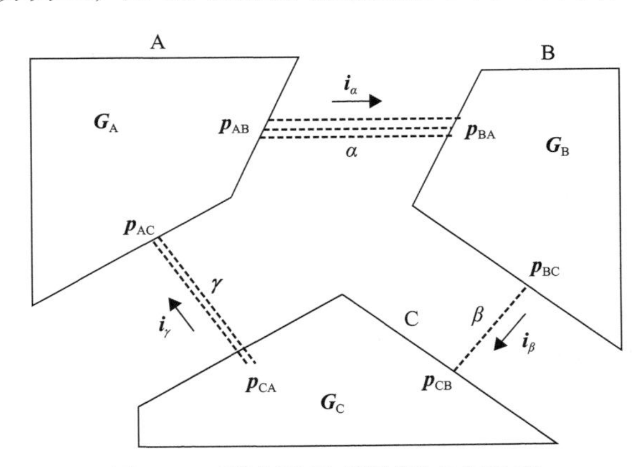

图 6.4　系统划分示意图（节点分裂后）

图 6.4 中，$\boldsymbol{i}_\alpha$、$\boldsymbol{i}_\beta$、$\boldsymbol{i}_\gamma$表示电磁暂态子网 A、B、C 之间的联络电流，电流方向任意，假定其流向如图 6.4 中箭头所示，电磁暂态子网 A、B、C 的网络方程可写为

$$\boldsymbol{G}_{\mathrm{A}}\boldsymbol{U}_{\mathrm{A}} = \boldsymbol{h}_{\mathrm{A}} - \boldsymbol{p}_{\mathrm{AB}}\boldsymbol{i}_\alpha + \boldsymbol{p}_{\mathrm{AC}}\boldsymbol{i}_\gamma \tag{6.6}$$

$$\boldsymbol{G}_{\mathrm{B}}\boldsymbol{U}_{\mathrm{B}} = \boldsymbol{h}_{\mathrm{B}} + \boldsymbol{p}_{\mathrm{BA}}\boldsymbol{i}_\alpha - \boldsymbol{p}_{\mathrm{BC}}\boldsymbol{i}_\beta \tag{6.7}$$

$$\boldsymbol{G}_{\mathrm{C}}\boldsymbol{U}_{\mathrm{C}}=\boldsymbol{h}_{\mathrm{C}}-\boldsymbol{p}_{\mathrm{CA}}\boldsymbol{i}_{\gamma}+\boldsymbol{p}_{\mathrm{CB}}\boldsymbol{i}_{\beta} \tag{6.8}$$

式中，$\boldsymbol{G}_{\mathrm{A}}$、$\boldsymbol{G}_{\mathrm{B}}$、$\boldsymbol{G}_{\mathrm{C}}$ 分别为电磁暂态子网 A、B、C 的节点导纳矩阵；$\boldsymbol{U}_{\mathrm{A}}$、$\boldsymbol{U}_{\mathrm{B}}$、$\boldsymbol{U}_{\mathrm{C}}$ 分别为电磁暂态子网 A、B、C 的节点电压列向量；$\boldsymbol{h}_{\mathrm{A}}$、$\boldsymbol{h}_{\mathrm{B}}$、$\boldsymbol{h}_{\mathrm{C}}$ 分别为电磁暂态子网 A、B、C 的等值历史电流源列向量；$\boldsymbol{p}_{\mathrm{AB}}$、$\boldsymbol{p}_{\mathrm{AC}}$ 为反映电磁暂态子网 A 中某些节点与联络电流 $\boldsymbol{i}_{\alpha}$、$\boldsymbol{i}_{\gamma}$ 的关联关系的关联矩阵；$\boldsymbol{p}_{\mathrm{BA}}$、$\boldsymbol{p}_{\mathrm{BC}}$ 为反映电磁暂态子网 B 中某些交流节点与联络电流 $\boldsymbol{i}_{\alpha}$、$\boldsymbol{i}_{\beta}$ 的关联关系的关联矩阵；$\boldsymbol{p}_{\mathrm{CB}}$、$\boldsymbol{p}_{\mathrm{CA}}$ 为反映电磁暂态子网 C 中某些交流节点与联络电流 $\boldsymbol{i}_{\beta}$、$\boldsymbol{i}_{\gamma}$ 的关联关系的关联矩阵；$\boldsymbol{p}_{\mathrm{AB}}$、$\boldsymbol{p}_{\mathrm{AC}}$、$\boldsymbol{p}_{\mathrm{BA}}$、$\boldsymbol{p}_{\mathrm{BC}}$、$\boldsymbol{p}_{\mathrm{CB}}$、$\boldsymbol{p}_{\mathrm{CA}}$ 中的元素非 0 即 1。

图 6.4 中，边界点一分为二，由同一边界点在不同子网中计算所得电压应该相等的关系，可得

$$\boldsymbol{p}_{\mathrm{AB}}^{\mathrm{T}}\boldsymbol{U}_{\mathrm{A}}=\boldsymbol{p}_{\mathrm{BA}}^{\mathrm{T}}\boldsymbol{U}_{\mathrm{B}} \tag{6.9}$$

$$\boldsymbol{p}_{\mathrm{BC}}^{\mathrm{T}}\boldsymbol{U}_{\mathrm{B}}=\boldsymbol{p}_{\mathrm{CB}}^{\mathrm{T}}\boldsymbol{U}_{\mathrm{C}} \tag{6.10}$$

$$\boldsymbol{p}_{\mathrm{CA}}^{\mathrm{T}}\boldsymbol{U}_{\mathrm{C}}=\boldsymbol{p}_{\mathrm{AC}}^{\mathrm{T}}\boldsymbol{U}_{\mathrm{A}} \tag{6.11}$$

将式(6.6)～式(6.11)联立，可得增广导纳方程如下：

$$\begin{bmatrix} \boldsymbol{G}_{\mathrm{A}} & & & \boldsymbol{p}_{\mathrm{AB}} & & -\boldsymbol{p}_{\mathrm{AC}} \\ & \boldsymbol{G}_{\mathrm{B}} & & -\boldsymbol{p}_{\mathrm{BA}} & \boldsymbol{p}_{\mathrm{BC}} & \\ & & \boldsymbol{G}_{\mathrm{C}} & & -\boldsymbol{p}_{\mathrm{CB}} & \boldsymbol{p}_{\mathrm{CA}} \\ \boldsymbol{p}_{\mathrm{AB}}^{\mathrm{T}} & -\boldsymbol{p}_{\mathrm{BA}}^{\mathrm{T}} & & \boldsymbol{0} & & \\ & \boldsymbol{p}_{\mathrm{BC}}^{\mathrm{T}} & -\boldsymbol{p}_{\mathrm{CB}}^{\mathrm{T}} & & \boldsymbol{0} & \\ -\boldsymbol{p}_{\mathrm{AC}}^{\mathrm{T}} & & \boldsymbol{p}_{\mathrm{CA}}^{\mathrm{T}} & & & \boldsymbol{0} \end{bmatrix}\begin{bmatrix} \boldsymbol{U}_{\mathrm{A}} \\ \boldsymbol{U}_{\mathrm{B}} \\ \boldsymbol{U}_{\mathrm{C}} \\ \boldsymbol{i}_{\alpha} \\ \boldsymbol{i}_{\beta} \\ \boldsymbol{i}_{\gamma} \end{bmatrix}=\begin{bmatrix} \boldsymbol{h}_{\mathrm{A}} \\ \boldsymbol{h}_{\mathrm{B}} \\ \boldsymbol{h}_{\mathrm{C}} \\ \boldsymbol{0} \\ \boldsymbol{0} \\ \boldsymbol{0} \end{bmatrix} \tag{6.12}$$

式(6.12)经过消元后降阶简化可得

$$\begin{bmatrix} \boldsymbol{p}_{\mathrm{AB}}^{\mathrm{T}}\boldsymbol{G}_{\mathrm{A}}^{-1}\boldsymbol{p}_{\mathrm{AB}}+\boldsymbol{p}_{\mathrm{BA}}^{\mathrm{T}}\boldsymbol{G}_{\mathrm{B}}^{-1}\boldsymbol{p}_{\mathrm{BA}} & -\boldsymbol{p}_{\mathrm{BA}}^{\mathrm{T}}\boldsymbol{G}_{\mathrm{B}}^{-1}\boldsymbol{p}_{\mathrm{BC}} & -\boldsymbol{p}_{\mathrm{AB}}^{\mathrm{T}}\boldsymbol{G}_{\mathrm{A}}^{-1}\boldsymbol{p}_{\mathrm{AC}} \\ -\boldsymbol{p}_{\mathrm{BC}}^{\mathrm{T}}\boldsymbol{G}_{\mathrm{B}}^{-1}\boldsymbol{p}_{\mathrm{BA}} & \boldsymbol{p}_{\mathrm{BC}}^{\mathrm{T}}\boldsymbol{G}_{\mathrm{B}}^{-1}\boldsymbol{p}_{\mathrm{BC}}+\boldsymbol{p}_{\mathrm{CB}}^{\mathrm{T}}\boldsymbol{G}_{\mathrm{C}}^{-1}\boldsymbol{p}_{\mathrm{CB}} & -\boldsymbol{p}_{\mathrm{CB}}^{\mathrm{T}}\boldsymbol{G}_{\mathrm{C}}^{-1}\boldsymbol{p}_{\mathrm{CA}} \\ -\boldsymbol{p}_{\mathrm{AC}}^{\mathrm{T}}\boldsymbol{G}_{\mathrm{A}}^{-1}\boldsymbol{p}_{\mathrm{AB}} & -\boldsymbol{p}_{\mathrm{CA}}^{\mathrm{T}}\boldsymbol{G}_{\mathrm{C}}^{-1}\boldsymbol{p}_{\mathrm{CB}} & \boldsymbol{p}_{\mathrm{AC}}^{\mathrm{T}}\boldsymbol{G}_{\mathrm{A}}^{-1}\boldsymbol{p}_{\mathrm{AC}}+\boldsymbol{p}_{\mathrm{CA}}^{\mathrm{T}}\boldsymbol{G}_{\mathrm{C}}^{-1}\boldsymbol{p}_{\mathrm{CA}} \end{bmatrix}\begin{bmatrix} \boldsymbol{i}_{\alpha} \\ \boldsymbol{i}_{\beta} \\ \boldsymbol{i}_{\gamma} \end{bmatrix}$$
$$=\begin{bmatrix} \boldsymbol{p}_{\mathrm{AB}}^{\mathrm{T}}\boldsymbol{G}_{\mathrm{A}}^{-1}\boldsymbol{h}_{\mathrm{A}}-\boldsymbol{p}_{\mathrm{BA}}^{\mathrm{T}}\boldsymbol{G}_{\mathrm{B}}^{-1}\boldsymbol{h}_{\mathrm{B}} \\ \boldsymbol{p}_{\mathrm{BC}}^{\mathrm{T}}\boldsymbol{G}_{\mathrm{B}}^{-1}\boldsymbol{h}_{\mathrm{B}}-\boldsymbol{p}_{\mathrm{CB}}^{\mathrm{T}}\boldsymbol{G}_{\mathrm{C}}^{-1}\boldsymbol{h}_{\mathrm{C}} \\ \boldsymbol{p}_{\mathrm{CA}}^{\mathrm{T}}\boldsymbol{G}_{\mathrm{C}}^{-1}\boldsymbol{h}_{\mathrm{C}}-\boldsymbol{p}_{\mathrm{AC}}^{\mathrm{T}}\boldsymbol{G}_{\mathrm{A}}^{-1}\boldsymbol{h}_{\mathrm{A}} \end{bmatrix} \tag{6.13}$$

求解关联降阶方程式(6.13)可得联络电流$\boldsymbol{i}_\alpha$、$\boldsymbol{i}_\beta$、$\boldsymbol{i}_\gamma$，将其代入式(6.6)～式(6.8)，便可得出各个电磁暂态子网的节点电压。其中，解出联络电流$\boldsymbol{i}_\alpha$、$\boldsymbol{i}_\beta$、$\boldsymbol{i}_\gamma$后，各子网之间相互独立，子网获取自己需要的联络电流，其计算就可以独立、并行地推进，提高计算速度；而关联降阶方程式(6.13)的阶数由边界母线数决定，其阶数不可能太高，因此，求解联络电流的计算量并不大。

节点分裂分网并行算法是 MATE 方法的扩展：二者都是基于矩阵变换和戴维南等效的概念，MATE 方法选择集总参数线路或者元件进行网络分割，而节点分裂分网并行算法可以理解为针对的是母线撕裂后的特殊支路(阻抗为 0 的理想支路)。与 6.2 节的基于 MATE 方法的分网并行计算类似，节点分裂分网并行算法也会由于每个子系统增加一次网络求解过程而导致计算量的增加。

6.4　基于大电网网络分割的全电磁暂态异步并行方法

由于事件的发生时刻是任意的，全电磁暂态仿真在整个计算过程中的计算步长不断在调整，通过网络分割采用并行计算后，不同子网电磁暂态仿真采用的步长各不相同，属于一种“异步并行”，与现有一些较为常见的在整数步长上进行同步的并行算法相矛盾。为了解决这种计算时间不在整数步长时刻与并行仿真中各子网需要数据交互之间的矛盾，本节提出并实现了一种基于大电网网络分割的全电磁暂态异步并行方法。

假设整个电磁暂态网络可以通过传输线或交直流解耦等方法划分为图 6.5 所示的示意图。

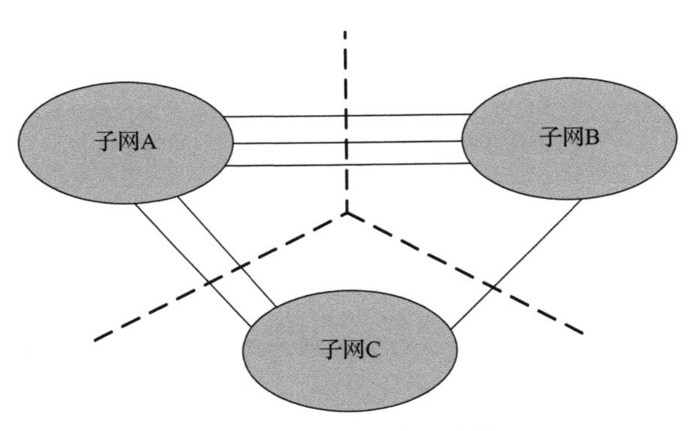

图 6.5　网络划分示意图

子网 A、B、C 之间通过传输线相连，由传输线计算理论可以知道，对于其中任何一个子网络的计算，必须使用与其相连的其他子网络的历史数据。假设它们之间传输线的最小传播时间分别为τ_{AB}、τ_{AC}和τ_{BC}，在仿真的某个计算时刻，子网 A 已经计算到时刻t_{A}，子网 B 计算到时刻t_{B}，子网 C 计算到时刻t_{C}，下面讨论下一步将要完成的计算。

以子网 A 和子网 B 为例，A 如果要使用 B 的历史数据，那么 A 的计算时刻 t_A 不能超过 $t_B + \tau_{AB}$，否则子网 B 无法向子网 A 提供 AB 之间联络线的电压和电流的历史值，具体描述如图 6.6 所示。

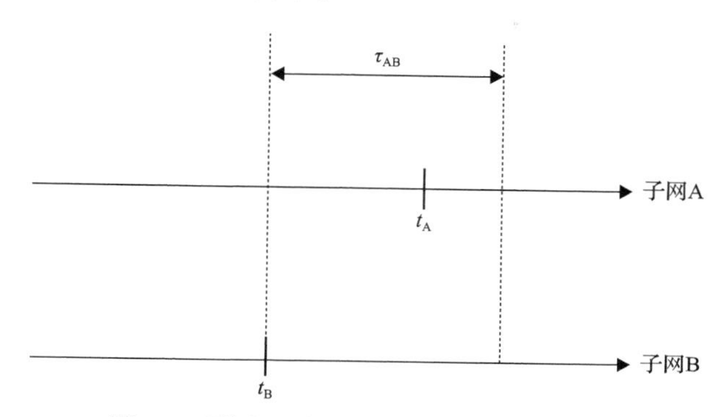

图 6.6　子网 B 对子网 A 的计算时刻的影响

再考虑到子网 C 的影响，对于子网 A，其计算时刻 t_A 与 t_B 和 t_C 之间必须满足式(6.14)：

$$\begin{aligned} t_A - t_B &\leqslant \tau_{AB} \\ t_A - t_C &\leqslant \tau_{AC} \end{aligned} \tag{6.14}$$

同样地，对于子网 B 和子网 C，计算时间上也需要满足要求。通过改写，将得到式(6.15)：

$$\begin{aligned} -\tau_{AB} \leqslant t_A - t_B \leqslant \tau_{AB} \\ -\tau_{AC} \leqslant t_A - t_C \leqslant \tau_{AC} \\ -\tau_{BC} \leqslant t_B - t_C \leqslant \tau_{BC} \end{aligned} \tag{6.15}$$

对上述关系式的解释如下：任意两个子网络之间的计算时刻的时间差，必须在相互的最小延时的范围内，这也是网络异步并行的基本原则。如果某个子网络计算速度较快，在下一步计算时刻出现了违反此基本原则的情况，那么该子网络必须停下来等待，直到其他子网络计算完毕，基本原则得到满足为止。

具体实现时，对于计算时刻比较超前的网络的线程，可以采用计算指令 sleep(睡眠)实现等待。但是这个等待时间应该设置为多少是一个难以确定的问题，实际测试结果也表明，采用“睡眠”方法效率很低，耗费了大量的时间导致异步并行仿真的速度甚至不如整个电网统一计算的速度。

C++98 标准中并没有提供对多进程并发的原生支持，2011 年诞生的 C++11

标准之中提供了一种新的标准线程库，内容包括管理线程、保护共享数据、线程间的同步操作、低级原子操作等，在多核心/多线程系统中实现了真正的并行计算，为全电磁暂态程序的异步并行的实现提供了可能。

具体实现时，使用标准库中的 std::thread（线程）类定义每个子网络计算用的线程；当某个子网络的计算时刻不满足约束时，调用 std::condition_variable 的成员函数 wait()实现等待；如果有新的子网络计算完毕，调用 std::condition_variable 的成员函数 notify_all()，主动通知正在等待的子网络的线程，实现该线程对约束条件的重新判断和自动解锁启动下一步仿真的计算。例如，对子网 A，其计算示意图见图 6.7。

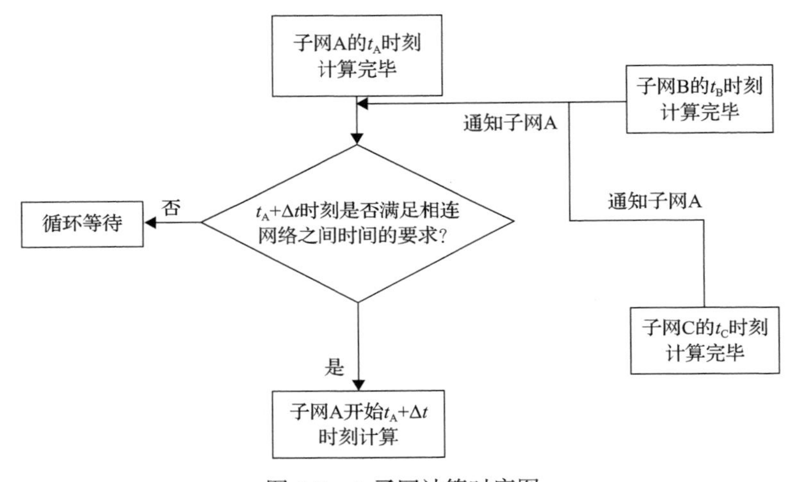

图 6.7　A 子网计算时序图

基于大电网网络分割的全电磁暂态异步并行方法是利用长传输线进行解耦、结合程序中使用的电磁暂态仿真算法以及新的计算技术的一套并行算法，对算法和步长没有同步的限制，设计灵活且计算效率较高。

6.5　本章小结

本章主要介绍了几种常用的分网并行算法，从计算速度来看，长输电线解耦分网并行算法速度最快，但是进行网络分割的输电线路长度必须超过 15km。在矩阵变换和戴维南等效的概念基础上，Marti 等及中国电力科学研究院提出了 MATE 方法和节点分裂分网并行算法，选择集总参数线路或母线撕裂后的理想支路进行网络分割，增加了分网的灵活性，但是相比长输电线解耦分网并行算法，每个子系统增加一次网络求解过程而导致计算量的增加。

全电磁暂态仿真程序利用长输电线解耦、结合程序中使用的电磁暂态算法，利用新的计算技术，实现了基于大电网网络分割的全电磁暂态异步并行方法。该方法对算法和步长没有同步的限制，设计灵活且计算效率较高。

参考文献

[1] Miranker W L, Liniger W. Parallel methods for the numerical integration of ordinary differential equations[J]. Mathematics of Computation, 1967, 21(99): 303-320.

[2] Gear C W. Parallel methods for ordinary differential equations[J]. Calcolo, 1988, 25(1): 1-20.

[3] Ghoshal S K, Gupta M, Rajaraman V. A parallel multistep predictor-corrector algorithm for solving ordinary differential equations[J]. Journal of Parallel & Distributed Computing, 1989, 6(3): 636-648.

[4] 杨玲. 基于 RTDS 的大规模交直流电力系统仿真建模研究[D]. 保定: 华北电力大学, 2010.

[5] 周保荣, 房大中, Snider A L. 全数字实时仿真器——HYPERSIM[J]. 电力系统自动化, 2003(19): 79-82.

[6] 周孝信, 李若梅, 岳程燕. 电力系统全数字实时仿真装置——ADPSS[C]. 世界工程师大会电力和能源分会: 上海, 2004.

[7] 岳程燕. 电力系统电磁暂态与机电暂态混合实时仿真的研究[D]. 北京: 中国电力科学研究院, 2005.

[8] Marti J R, Linares L R, Calvino J, et al. OVNI: An object approach to real-time power system simulators[C]//1998 Proceedings of the International Conference on Power System Technology, Beijing, 1998.

[9] 岳程燕, 周孝信, 李若梅. 电力系统电磁暂态实时仿真中并行算法的研究[J]. 中国电机工程学报, 2004(12): 5-11.

第 7 章　电磁暂态仿真的初始化技术

目前关于电磁暂态仿真建模及应用的研究较多,关于电磁暂态初始化问题的研究尚不充分[1]。模型及系统的初始化在电力系统稳定性分析中是一个必需项，因为稳定性分析需要根据电网不同的运行状况进行，而运行状况调节一般采用潮流计算等程序进行，稳定性分析建立在潮流结果上进行各种故障的仿真，从而确定电网不同运行方式的稳定性。而电磁暂态仿真却不同，电磁暂态仿真为了描述电磁暂态过程中电压和电流瞬时值的变化，提供了电阻、电感、电容、开关等具有全频特性的元件，这些元件支撑了电网元件的详细建模，但增加了初始化的难度。同时，电磁暂态程序处理的是切换微分代数方程组(switched differential algebraic equations)，大量的开关操作导致系统谐波很多，很难用基于基波向量的潮流程序对其进行初始化[2]。

电磁暂态初始值计算主要有三种方法[3],分别是相量解的方法(phasor-solution technique)、电磁暂态法(EMTP-based approach)、潮流解方法(load-flow-program-based method)。目前研究最多的是电磁暂态法，这种方法将电磁暂态初始值计算问题转化为两点边值(two-point boundary value, TPBV)问题[4]，然后采用打靶法(shooting method)[4,5]、梯度法(gradient method)[6]、外推法(extrapolation algorithm)[7]、波形松弛法(waveform relaxation technique)[8]等边值问题的求解算法进行求解。这种方法计算量很大，不适用于大规模电网的仿真初始化计算，且存在计算过程不收敛和初始化状态与潮流结果不一致的问题。基于潮流解的电磁暂态初始化方法更适用于大规模电力系统的全电磁暂态仿真，目前该方法存在两种思路：一是基于仿真的潮流初始化方法，二是基于解析法的潮流初始化方法。但这种两种方法目前都存在困难。

本章针对潮流模型和电磁暂态模型之间的差异，将不同设备进行分类，并对不同设备适用的初始化策略进行分析。在 7.2 节针对常规直流展开研究，得出以晶闸管为基础的常规直流输电系统存在潮流模型和电磁暂态模型不一致的情况，并对潮流模型进行改进，提高常规直流潮流模型的无功功率准确度。同时，提出常规直流的三阶段快速初始化方法，不必模拟常规直流复杂的启动过程。根据 7.1 节的分类，针对大规模电力系统全电磁暂态仿真，7.3 节提出分网初始化策略，并通过华东电网的交直流混联系统的算例验证分网初始化的有效性。

7.1　交直流系统初始化问题分析

电力系统潮流采用简化的稳态基波向量模型进行计算，利用潮流结果对电磁暂态进行初始化，就要求潮流程序中的模型与电磁暂态程序中的模型一致。根据潮流模型和电磁暂态模型的复杂程度是否一致，可以将元件分为三类，如表 7.1 所示。

表 7.1　全电磁暂态仿真中元件的初始化难度分类

	潮流模型简单	潮流模型复杂
电磁暂态模型简单	交流系统元件	无
电磁暂态模型复杂	柔性直流、FACTS 等	常规直流

其中，交流系统元件的基波稳态模型一般比较简单，电磁暂态模型与潮流模型一致，可以直接采用解析法进行求解；柔性直流、FACTS 等的电磁暂态模型比较复杂，但是由于这类元件一般采用外环控制，功率外特性比较简单，其潮流模型比较简单；常规直流的电磁暂态模型比较复杂，简化后的潮流模型也比较复杂，电磁暂态模型和潮流模型的一致性非常重要。

7.1.1　交流系统的初始化方式分析

交流系统是电力系统稳定性分析的主要组成部分，在现状电网中，数量最大的动态元件仍是同步发电机，交流系统潮流模型已经比较成熟。潮流计算根据发电机控制特性将节点分为 PQ、PV、Vθ 节点，潮流解和电磁暂态稳态基本完全一致，支持仿真法和解析法。

交流系统的初始化采用模拟启动的方法耗时太长并不经济，单独的一组设备可以采用模拟启动的方法，但是交流系统中设备数目巨大，不可能将设备逐个启动。交流系统初始化相对简单，主要采用三阶段的同步发电机启动方法。第一阶段将发电机等效为电压源，对交流部分元件进行初始化；第二阶段将电压源变为发电机模型，并使用电压源的电压幅值相角、有功无功功率对发电机内部状态变量进行初始化，放开励磁控制系统，锁定转速和调速系统；第三阶段为发电机正常运行模式。

基于解析法的初始化方法和机电暂态一样，比较简单。这种方法需要搭建设备的基波向量潮流模型，利用潮流结果对设备中的微分状态变量进行初始化计算，得到初始向量值后再转化为瞬时值。这种方法在交流系统初始化中完全没有问题。

利用 IEEE9 节点系统对不同的初始化方法进行分析。

1. 电压源参数问题

发电机在启动第一阶段时，需要简化为电压源模型，为交流系统其他元件进行充电。电压源模型里面包含两个重要参数：①爬升时间；②电压源阻抗。这两个参数对充电过程非常重要。

爬升时间对交流系统的启动很重要。这主要是因为电网中充满了大量电感、电容元件，需要一个充电时间。当电压源迅速达到设定值之后，对电感、电容的充电将引起线路上的振荡，此时发电机进入第二阶段之后，功率并不容易平息。

如图 7.1 所示，发电机 1 有功功率平息下去之后，其他的线路、负荷等仍存在功率波动，因此，当进入第三阶段发电机转速放开之后，发电机 1 的有功功率再次振荡。而将爬升时间设到 0.1s，则可以有效地解决这个问题。

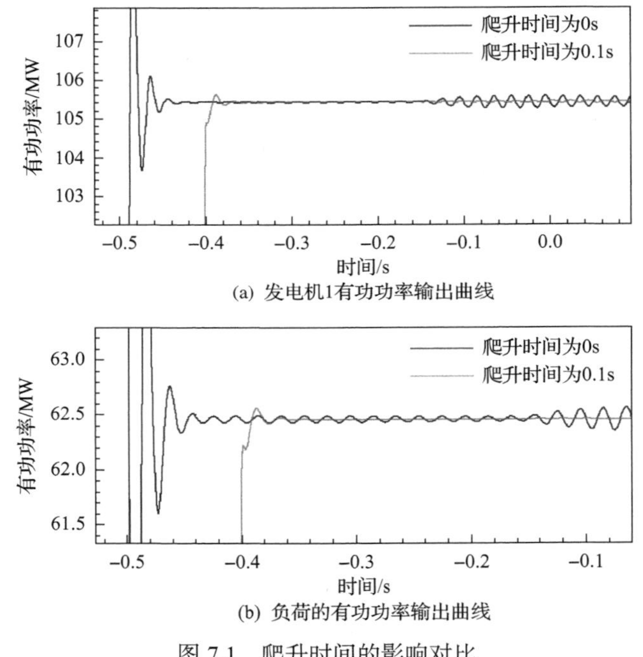

(a) 发电机1有功功率输出曲线

(b) 负荷的有功功率输出曲线

图 7.1 爬升时间的影响对比

另外一个问题就是电压源阻抗问题，当电压源阻抗过小时，同样也无法平抑系统的振荡。如图 7.2 所示，阻抗太小的情况下，对发电机的初始化也有影响，需要快速平抑振荡，这样发电机才能进入第二阶段，否则发电机的初始化计算结果也不准确。

电压源参数设置必须保证电压源能够使得交流系统中的电感、电容元件平滑地充电，功率不会发生大幅度振荡，并且过渡时间尽可能短，按照一般的工程经验，可以设置为在 0.1～0.2s 使电压由 0 上升至潮流中给定的数值。

2. 算法的选择

算法方面，最好选择 L-稳定的算法，这样就不会因为算法的切换导致出现新的误差。如图 7.3 所示，CDA 算法要切换到后退欧拉法，后退欧拉法会造成新的误差，该误差又将振荡激发出来。

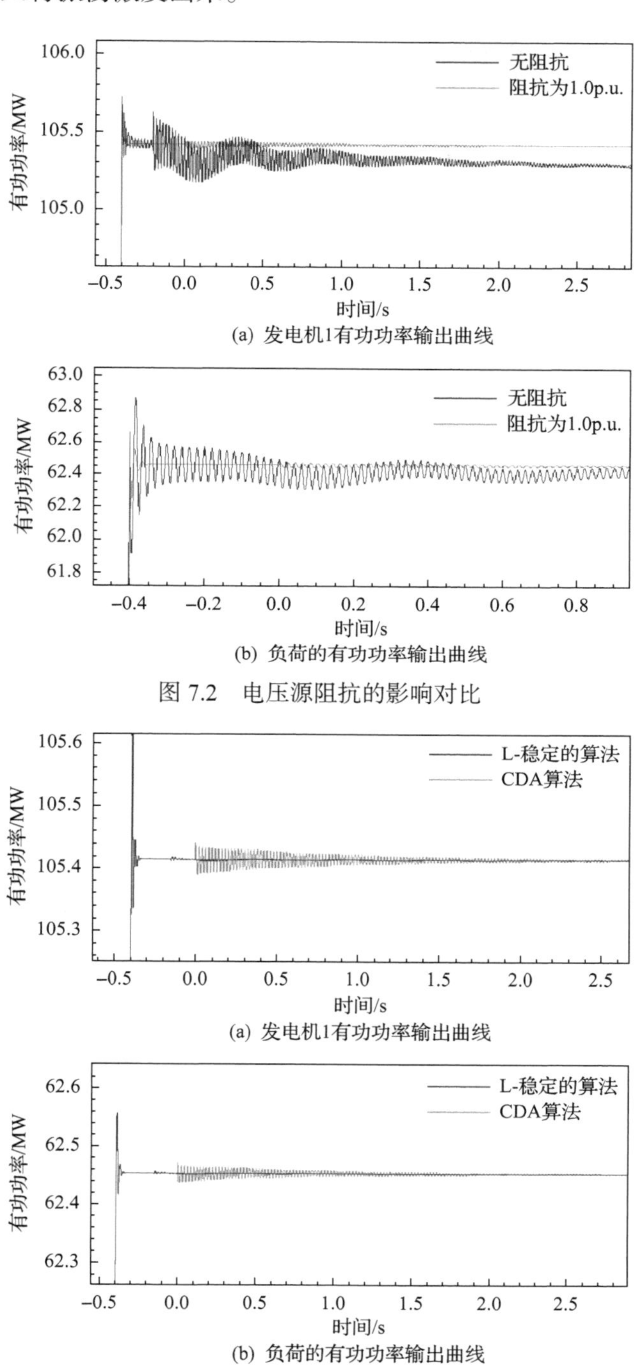

(a) 发电机1有功功率输出曲线

(b) 负荷的有功功率输出曲线

图 7.2　电压源阻抗的影响对比

(a) 发电机1有功功率输出曲线

(b) 负荷的有功功率输出曲线

图 7.3　不同算法的影响对比

3. 采用解析法的初始化方法

初始化策略方面，采用解析法和仿真法对于交流系统初始化差别不大，如图 7.4 所示。

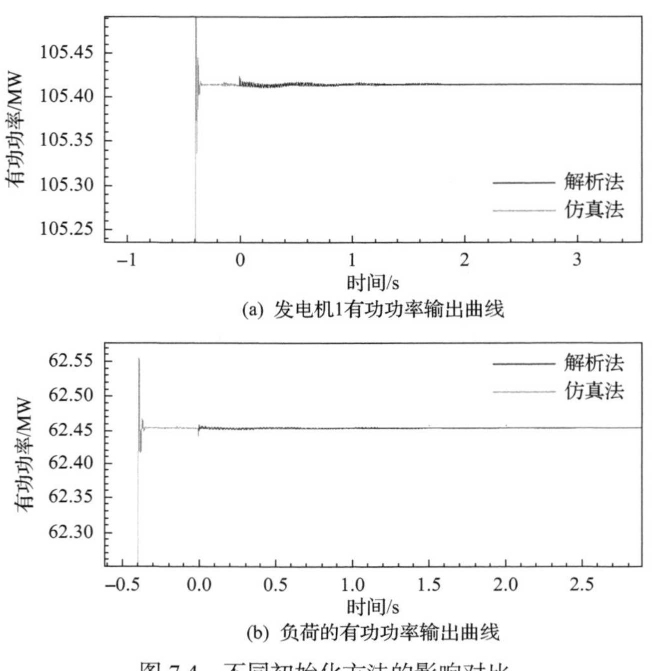

(a) 发电机1有功功率输出曲线

(b) 负荷的有功功率输出曲线

图 7.4　不同初始化方法的影响对比

综上所述，交流系统的初始化理论较简单，但实现较烦琐。发电机三阶段启动方法目前是仿真法的主要思路，启动过程中的参数设置仍需靠经验和具体算例人工调整。解析法初始化方法具备同样的性能，都适用于交流系统电磁暂态的初始化。但这里需要注意的一点是，尽量采用 L-稳定的算法，避免 CDA 等算法切换造成的误差。

7.1.2　常规直流的初始化方式分析

常规直流输电系统指的是 LCC-HVDC 系统。这种直流换流器采用的是半控型的晶闸管换流器，因为半控型晶闸管只能通过信号打开，关闭时则需要电流降到零，所以这种换流器依赖交流系统的支撑，一般在短路容量大的地区投运。

LCC-HVDC 系统的运行特性如图 7.5 所示，控制系统只能对晶闸管的触发角进行控制，正常运行时整流侧运行在定电流控制模式下，逆变侧运行在定熄弧角控制模式下。整流侧的触发角和直流电压则分别由整流侧和逆变侧变压器的变比进行慢速控制。也就是说，控制系统只能控制直流输电系统的直流有功功率，不能控制交流侧的无功功率。无功功率需要依靠电容器的投切进行粗粒度控制。

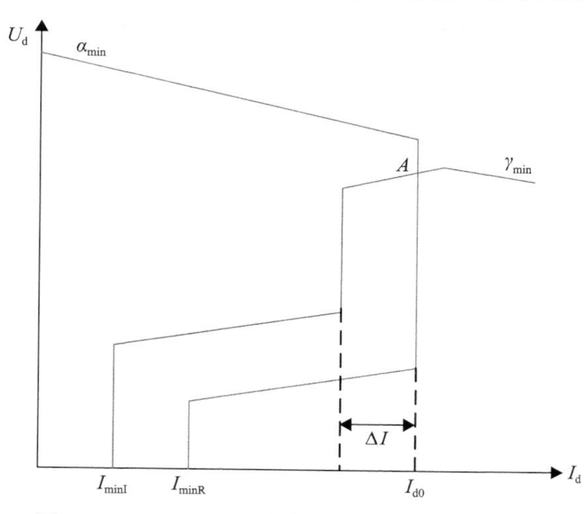

图 7.5　LCC-HVDC 系统正常运行时的控制特性

图 7.5 中，U_d为直流电压，ΔI 为整流侧/逆变侧电流指令裕度差，I_{minI}、I_{minR}为逆变侧和整流侧最小电流，γ_{min}为熄弧角最小值，I_d为直流电流，I_{d0}为直流电流指令，α_{min}为触发角最小值。

直流输电有两组公式，一组是电压公式，另一组是电流公式。设定直流输电的直流电压和直流电流或直流功率，就可以得到交流侧的电压和电流，进而得到直流系统的有功功率和无功功率。以下简单罗列潮流模型推导过程中出现的公式，详细推导过程请参考文献[9]相关章节。

将变压器用标准变比和电感L_c表示，如图 7.6 所示，P_{ac}、Q_{ac}为从系统吸收的有功功率和无功功率；P、Q 为变压器阀侧吸收的有功功率和无功功率；U_S为系统电压。由于变压器的变比可以变化，一般使用 c 点的电压U_c、电流I_c与直流电压U_d、电流I_d进行分析。没有触发延时角时，得到电压和电流的公式分别为式(7.1)和式(7.2)；考虑触发延时角α后，得到新的电压计算公式式(7.3)，电流公式不变，同时得到基波功率因数为式(7.4)；计及换相重叠过程时，得到新的电压计算公式式(7.5)，从而得到直流部分的计算电路，如图 7.7 所示，其中 r 表示整流侧，i 表示逆变侧。

$$U_d = \frac{3\sqrt{2}}{\pi} U_c \tag{7.1}$$

$$I_c = \frac{\sqrt{6}}{\pi} I_d \tag{7.2}$$

$$U_d = \frac{3\sqrt{2}}{\pi} U_c \cos\alpha \tag{7.3}$$

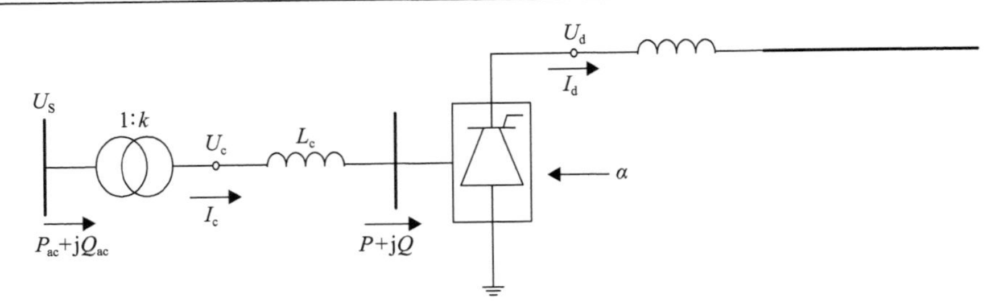

图 7.6　常规直流交流侧示意图

$$\cos\varphi = \cos\alpha \tag{7.4}$$

$$U_d = \frac{3\sqrt{2}}{\pi}U_c\cos\alpha - \frac{3}{\pi}\omega L_c I_d = \frac{3\sqrt{2}}{\pi}U_c\cos\alpha - R_c I_d \tag{7.5}$$

式中，R_c 为换流变压器阻抗在直流侧对应的等效电阻。

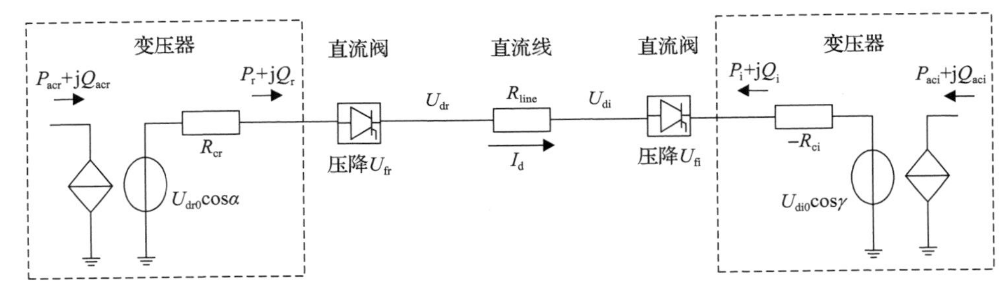

图 7.7　常规直流的直流侧电路示意图

考虑直流阀的压降 U_f 后可以计算得到图 7.7 中的有功功率 P。无功功率则根据 c 点的电压电流求得 c 点的视在功率后计算求得。

从晶闸管的特性和直流控制系统的特性分析可以看出，潮流计算采用的模型与电磁暂态使用的模型不完全一致时，潮流程序计算得到的直流两端交流电压和变压器变比将导致直流系统的运行工况不同，使电磁暂态计算得到的直流两端功率不匹配，或直流控制系统的控制模式不一致，进而使初始化结果与潮流结果不符。其中，直流有功功率可以根据直流侧的电压电流进行控制，调整到与潮流结果相符，无功功率是不可控的，误差较大。因此，常规直流只能采用仿真法对其进行初始化，且需要反复调节其中的参数，使得电磁暂态的初始值与潮流结果保持一致。

7.1.3　柔性直流输电系统的初始化方式分析

柔性直流输电系统一般基于由全控型器件组成的换流器，可以通过信号对开关进行触发和关断操作。因此，这种设备具有更强的控制能力，可以解耦地控制有功功率和无功功率，还能对谐波进行部分控制，降低对交流侧的谐波干扰。

柔性直流系统的结构图如图 7.8 所示。换流站一般采用典型的 MMC 结构。

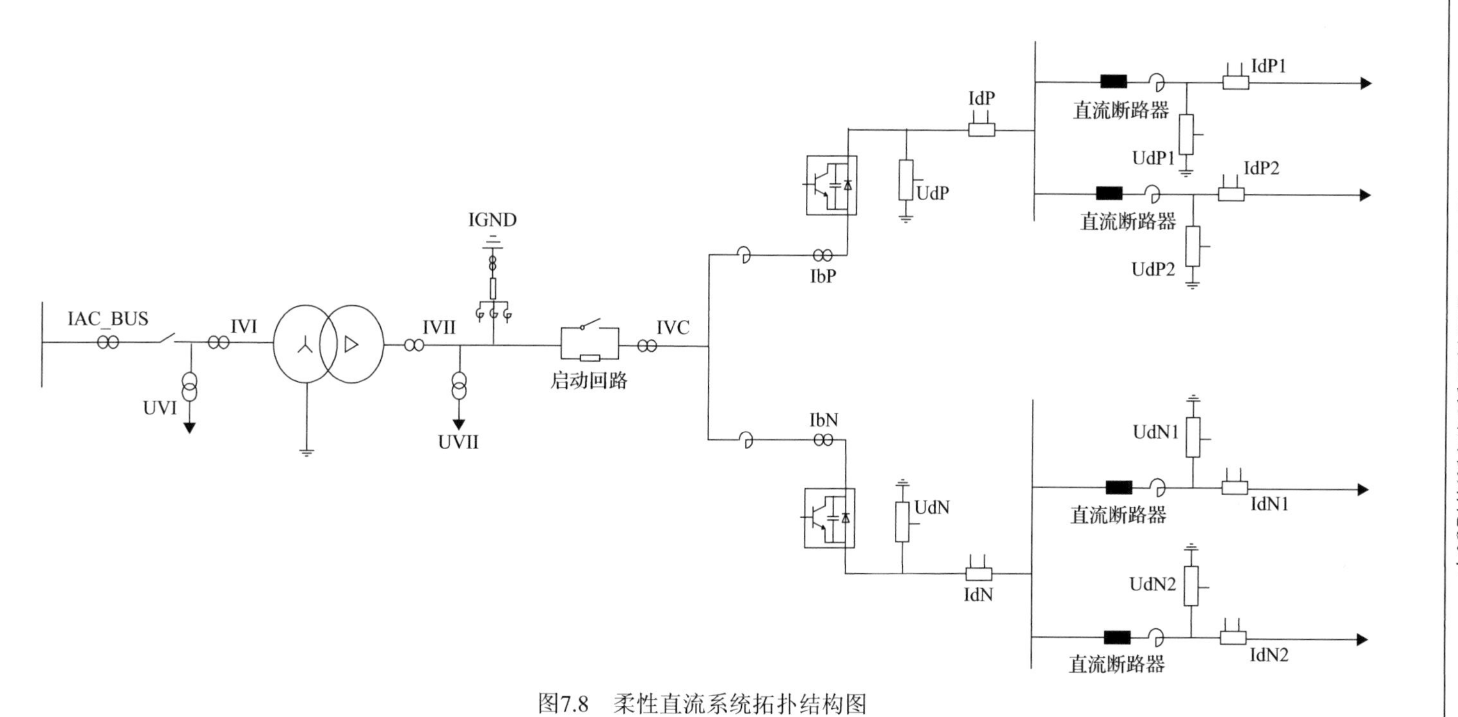

图7.8　柔性直流系统拓扑结构图

图 7.9 所示为柔性直流控制系统总体控制框图。有功功率一般是定有功功率控制或定直流电压控制，多端直流系统中有且只有一个定直流电压控制模式在运行。无功功率则分为定交流电压控制、定无功功率控制和定功率因数控制等方式。因此，柔性直流输电系统的潮流模型比较简单，用 PV 或 PQ 节点表示换流器进行计算即可。

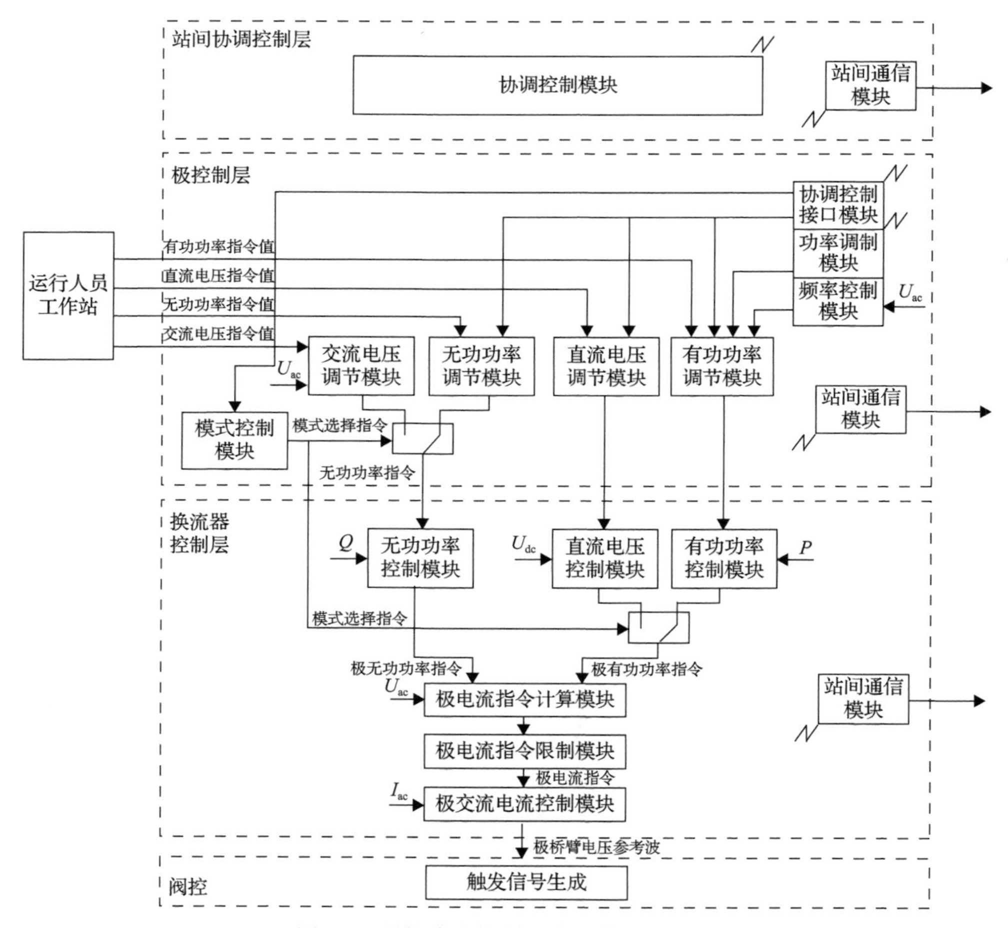

图 7.9　柔性直流控制系统总体控制框图

从上述分析可以得知，在控制系统的作用下，柔性直流输电系统有功无功外特性比较简单，其潮流模型比较简单，但由于开关元件的存在，柔性直流输电系统自身比较复杂，其内部状态变量的解析求解很难。所以，柔性直流输电系统宜采用仿真法对其进行初始化。

柔性直流输电系统的基于仿真法的潮流初始化比较简单，可以将交直流解耦分别初始化。潮流计算结束后，将交流侧的有功无功功率作为控制参考值输入到电磁暂态模型中即可。同时，柔性直流输电也没有换相失败问题，不需要分阶段初始化，可以直接启动。潮流模型中的误差不会对电磁暂态初始化后接口处的准确性造成影响。

7.1.4　FACTS 设备的初始化方式分析

FACTS 设备是基于电力电子元件的交流控制设备，有串联型、并联型等补偿方式。统一潮流控制器(unified power flow controller, UPFC)是综合型 FACTS 设备的典型代表，是其中最复杂的一种结构。本书以 UPFC 为例对 FACTS 设备进行说明。

UPFC 具有串联和并联的综合控制性能，通过控制系统调节换流器的功率，可以分别或同时实现并联补偿、串联补偿、移相等几种不同的功能，提高线路的传输能力、稳定性及增加系统阻尼等。UPFC 的结构如图 7.10 所示，分为串联和并联两部分，可以看作 STATCOM 和静止同步串联补偿器(static synchronous series compensator, SSSC)两者通过直流电容连接。STATCOM 可以提供动态无功补偿；SSSC 可通过改变注入电压的幅值和相位实现对交流线路功率的控制[10]。

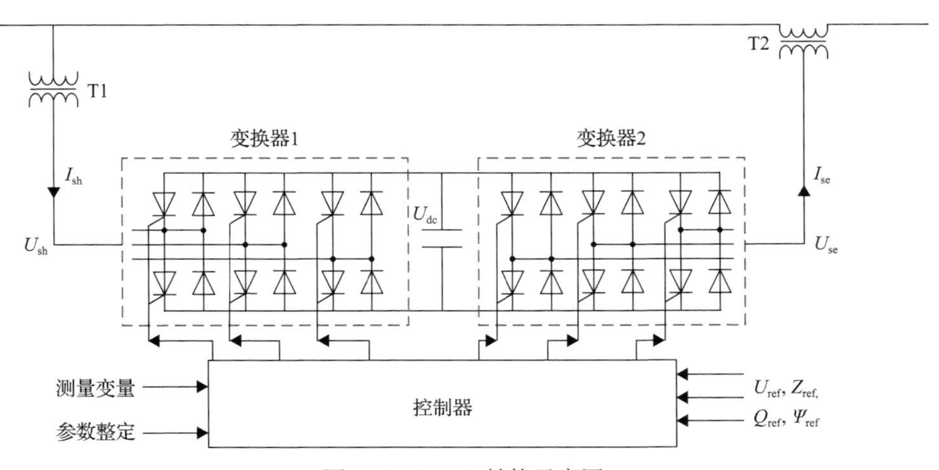

图 7.10　UPFC 结构示意图

U_{sh} 为变换器 1 交流侧电压，I_{sh} 为变换器 1 交流侧电流，U_{se} 为变换器 2 交流侧电压，I_{se} 为变换器 2 交流侧电流，U_{ref} 为电压参考值，Z_{ref} 为阻抗参考值，Q_{ref} 为无功功率参考值，ψ_{ref} 为移相角参考值

UPFC 在启动时，若将两侧换流器均进行不控充电后再依次解锁，对串联侧换流器以及变压器的冲击比较大，同时对旁路开关开断大电流也会有影响。控制器使用的启动策略为首先投入并联变压器并解锁并联换流器对变压器和直流电容进行充电，然后解锁串联侧换流器并设置串联换流器的控制量最小，根据启动策略将串联变压器一次侧的旁路开关电流降到零，最后断开变压器一次侧旁路开关。

启动策略的目的是将串联变压器一次侧的旁路开关电流降低到零，将电流转移到串联变压器的一次绕组，控制框图如图 7.11 所示：将测量得到的线路电流 I_{bypass} 通过 dq 坐标变换转化得到 $I_{bypassd}$、$I_{bypassq}$，然后经过 PI 控制器得到控制器的 dq 轴输出信号 U_{cdref}、U_{cqref}。

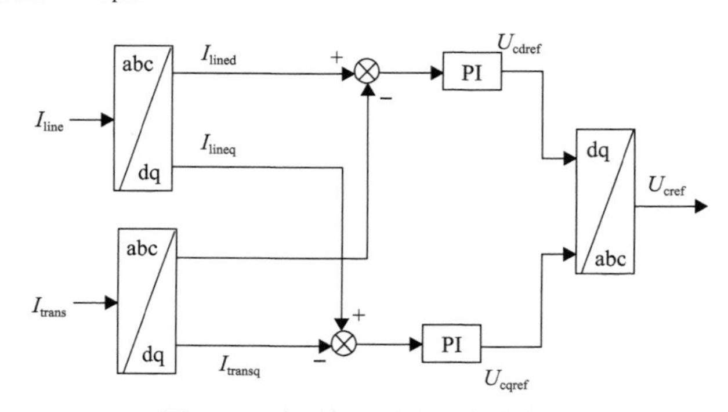

图 7.11　串联侧电路启动控制框图

I_{trans} 为变压器三相电流；I_{line} 为线路三相电流；U_{cref} 为换流器电压参考值

当旁路开关的电流降到接近零时，旁路电路被切断，串联控制切换为功率控制模式或手动注入模式，启动过程结束。

如果没有有效的启动策略，UPFC 串联部分的启动会对线路上的电流和功率产生突然的较大干扰。图 7.12 为 PSModel 仿真的 UPFC 串联侧启动的波形，0.5s 时串联侧换流器投入运行，根据启动策略，变压器旁路开关电流逐渐减小，同时变压器一次侧绕组电流逐步增大，在 1s 时，变压器旁路开关断开，整个过程线路基本没有受到影响，UPFC 启动完成。

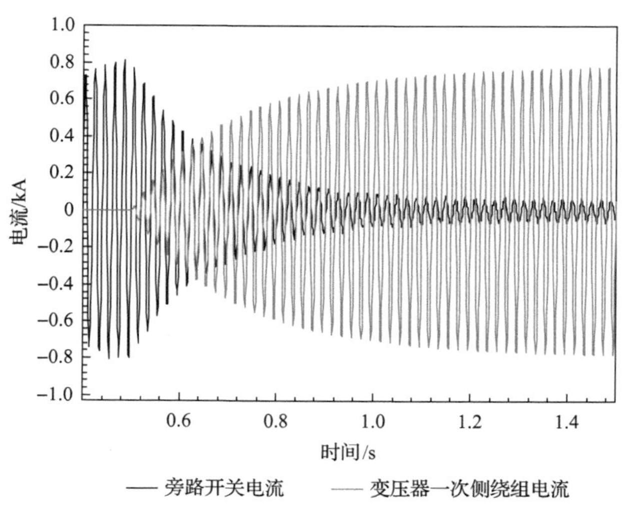

图 7.12　统一潮流控制器 UPFC 启动仿真曲线

从上述分析可知，UPFC 与柔性直流输电系统一样，在控制系统的作用下，潮流模型比较简单且准确，但是电力电子设备自身比较复杂。将潮流结果中的计算值作为参考值输入控制系统中，就可以利用仿真法对复杂的电力电子设备进行启动初始化。但同样地，要想利用潮流模型对电力电子设备的内部量进行初始化反而比较困难。

7.2　常规直流输电系统初始化方法

本节从无功功率方面入手分析目前潮流模型中无功功率计算的问题，使潮流结果与电磁暂态结果之间的误差尽量减小，最后提出一种常规直流输电系统的三阶段初始化方法，使其初始化所需仿真时间缩短。

7.2.1　潮流模型误差分析

从 7.1 节的分析中可以得出，在有功功率 P 和 P_{ac} 已知的情况下，无功功率有两种求解方法。第一种方法是根据式(7.1)和式(7.2)求解 c 点的电流和电压，再求得视在功率，就能得到无功功率 Q_{ac}，然后根据变压器方程就能求得 Q；第二种方法是根据功率因数公式式(7.4)，利用有功功率 P 直接求得无功功率 Q。前一种方法较后一种方法更加精确，后一种方法一般用于近似计算中。

无论哪种计算方法，推导过程都是基于不考虑换相过程得到的，这种方法存在一定的误差，且利用视在功率计算的过程会将该误差放大，导致直流的无功功率计算不准确。

假设直流电流恒定为 I_d。不考虑换相过程，交流侧线电流的波形如图 7.13 所示，通过傅里叶分析得到线电流基波有效值如式(7.6)所示。如图 7.14 所示，直流电流并不是恒定值，而是存在误差，整流侧变压器二次侧线电流基波有效值根据式(7.7)进行转换后得到的直流值比 I_d 都小，那么相当于潮流计算结果中无功功率计算偏大。

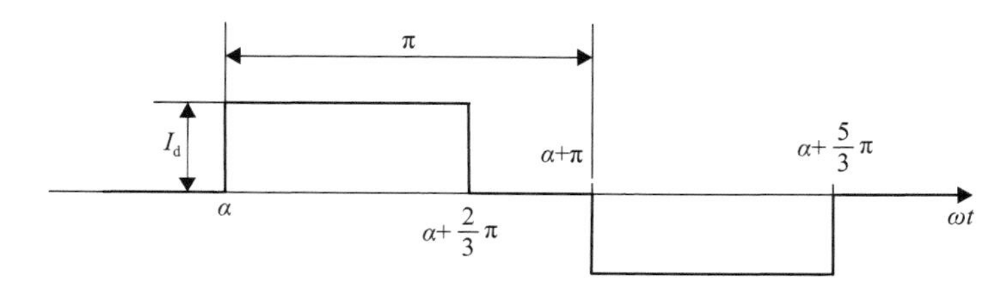

图 7.13　交流侧线电流波形(不考虑换相过程)

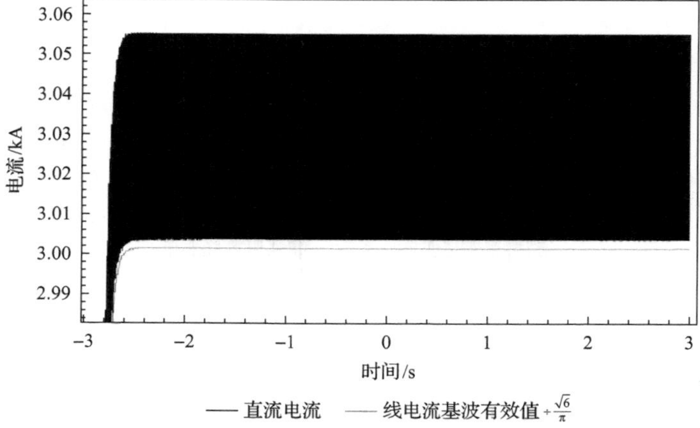

图 7.14　常规直流电流曲线

$$I_c = \frac{\sqrt{6}}{\pi} I_d \frac{\sin(\mu/2)}{\mu/2} \tag{7.6}$$

$$I_c = \frac{\sqrt{6}}{\pi} I_d \cos\frac{\mu}{2} \tag{7.7}$$

假设换相过程电流为线性函数，并假设熄弧角为 δ，换相角为 μ，线电流波形如图 7.15 所示，考虑换相过程电感的作用，线电流为三角函数，它的波形如图 7.16 所示。

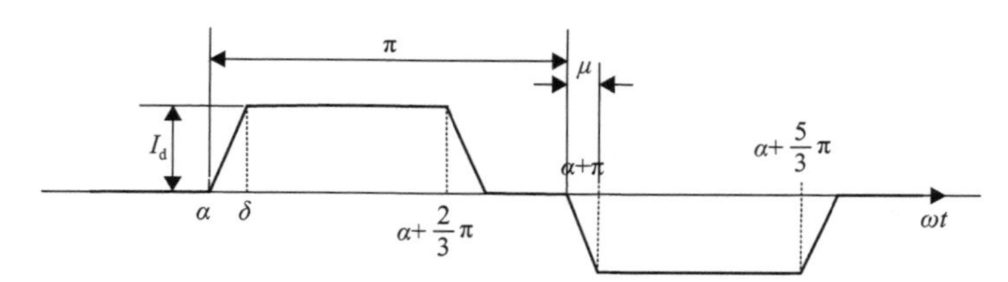

图 7.15　交流侧线电流波形(考虑换相过程)

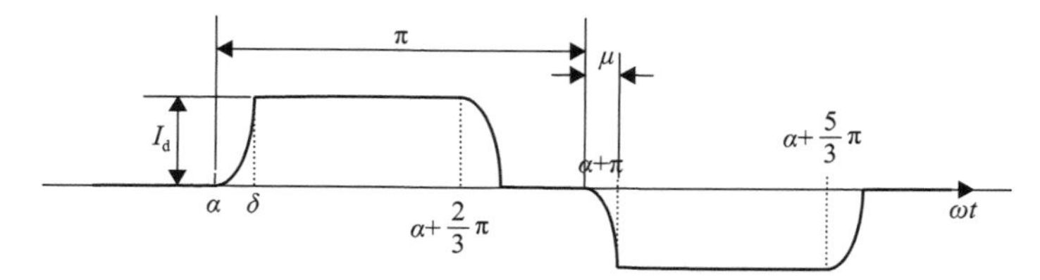

图 7.16　交流侧线电流波形(考虑换相过程中电感的作用)

7.2.2　晶闸管测量的误差分析

在直流系统中，控制系统离不开换流阀角度的测量，特别是逆变侧采用定熄弧角控制，熄弧角就是直流控制系统的一个控制反馈信号，其误差将直接影响到直流的正确运行。直流系统换流阀角度的测量在控制环节中非常关键。

直流系统中，通常涉及的角度分为延迟角和超前角两种，整流侧一般使用延迟角表示，分为触发(延迟)角 α、熄弧延迟角 δ，逆变侧一般使用超前角表示，分别为触发超前角 $\beta=\pi-\alpha$、熄弧(超前)角 $\gamma=\pi-\delta$，触发和熄弧之间的是换相角(叠弧角)μ。正常运行状态下，这几个角度之间满足式(7.8)表示的基本关系：

$$
\begin{aligned}
\alpha+\beta&=\pi \\
\delta+\gamma&=\pi \\
\alpha+\mu&=\delta
\end{aligned}
\tag{7.8}
$$

角度的测量一般与换流阀的导通、截止时间和电压过零点时间密切相关。例如，c 相正极阀截止、a 相正极阀导通时需要依赖 c 相电压 U_c 大于 a 相电压 U_a，因此电压 U_{ac} 大于零的时刻作为起始时刻，通过 a 相正极阀开始导通的时刻可以计算得到 a 相正极阀的触发角 α，通过 c 相正极阀截止时刻计算得到 c 相正极阀的熄弧角 γ 。换相过程如图 7.17 所示。

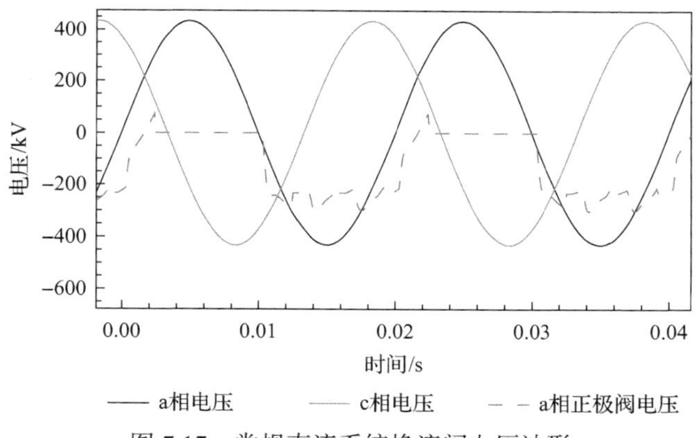

图 7.17　常规直流系统换流阀电压波形

另外，换流阀的导通也利用了电压过零点的时间。换流阀触发系统将根据控制系统计算的触发角命令以及电压过零点时刻，计算得到 6 个换流阀的触发时间，并在触发时刻将触发命令下发到 6 个换流阀。

从上述分析可以看出，换流阀的角度测量和触发控制都依赖交流系统的电压过零点。当采用不同母线电压进行计算时，可能会存在偏差，特别是直流系统中包含大量的谐波，不同母线上的电压畸变特性不完全相同，计算得到的角度存在误差。实际直流系统中，一般采用变压器两侧的电压进行计算，换流阀的触发一般用变压器的一次侧电压，换流阀的角度测量一般采用变压器的二次侧电压。变压器一次侧电压谐波分量较小，二次侧电压谐波分量较大，如图 7.18 所示。

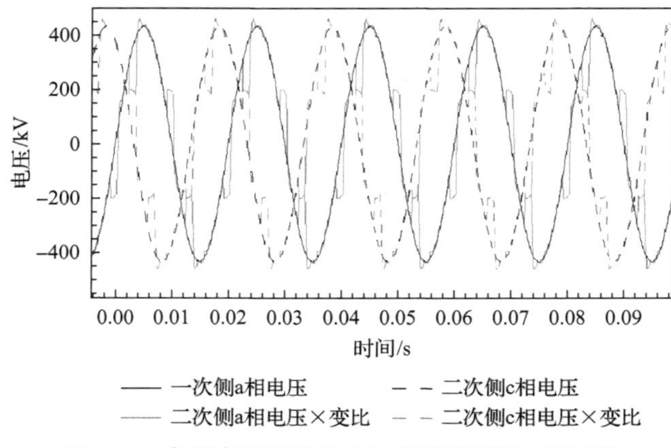

图 7.18　常规直流系统整流侧变压器两侧电压波形

将图 7.18 中曲线局部放大可以得到图 7.19，从图 7.19 中可以看出，变压器两侧电压的交叉点时刻还是有差别的，大概有 2×10^{-4}s 的差别，换算成角度的话，大概是 0.36°的差别。

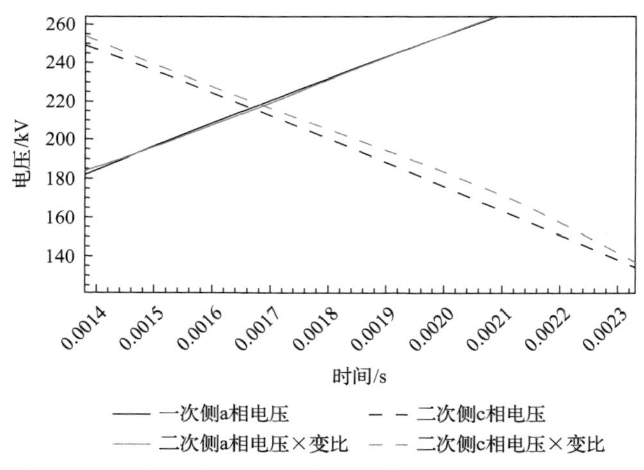

图 7.19　常规直流系统整流侧变压器两侧电压波形放大图

这是直流初始化中需要注意的地方，将潮流计算得到的结果(整流侧触发角 15°和逆变侧熄弧角 17°)代入实际系统中，测量得到的角度存在一定的偏差，如图 7.20 所示。

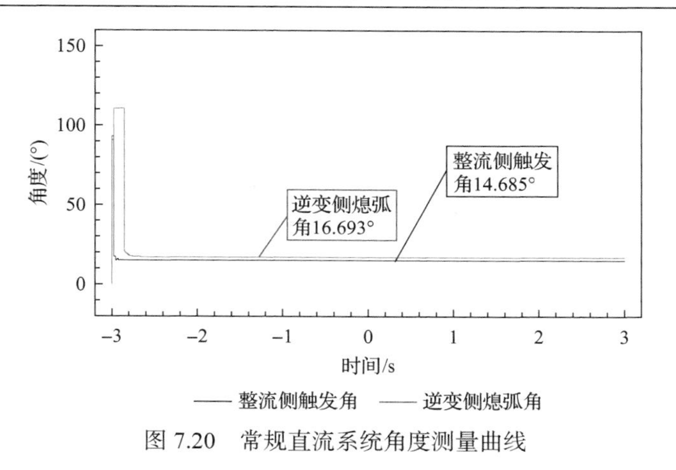

图 7.20　常规直流系统角度测量曲线

7.2.3　三阶段初始化策略

常规直流系统的初始化过程需要建立在准确的潮流计算结果基础上，同时将控制系统进行反向初始化。但是，目前很多直流控制系统不具备反向初始化的功能，特别是封闭直流模型。因此，解析法不能完全解决直流的初始化问题，直流的初始化仍需依赖仿真方法以及有效的初始化调整流程。

对于常规直流输电系统，可以推导直流系统整流侧和逆变侧的直流电压、触发角、熄弧角以及两侧变压器变比之间的关系为

$$U_{\mathrm{dr}} = \frac{3\sqrt{2}}{\pi}\frac{U_{\mathrm{acr}}}{k_{\mathrm{r}}}\cos\alpha - R_{\mathrm{cr}}I_{\mathrm{d}} \tag{7.9}$$

$$U_{\mathrm{di}} = \frac{3\sqrt{2}}{\pi}\frac{U_{\mathrm{aci}}}{k_{\mathrm{i}}}\cos\gamma - R_{\mathrm{ci}}I_{\mathrm{d}} \tag{7.10}$$

式中，U_{acr}、U_{aci} 为整流侧和逆变侧交流电压；R_{cr}、R_{ci} 为整流侧和逆变侧换相电抗对应的等效电阻。

式(7.9)和式(7.10)中交流侧的电压可以通过潮流获得，控制系统一般采用整流侧定电流、逆变侧定熄弧角的方式进行控制，所以需要通过调整逆变侧变压器的变比 k_{i} 来调整直流电压，通过调整整流侧变压器的变比 k_{r} 来调整整流侧触发角 α。在此过程中还需要将直流控制系统中的控制方式进行锁定，避免定电压控制部分起作用。

逆变侧的定熄弧角控制方式分为实测型和预测型两种。实测型控制利用 PI 进行闭环控制；预测型控制通过计算得到的熄弧角对逆变侧进行触发控制，其实质是一个开环控制，熄弧角的计算公式为式(7.11)。

$$\beta = \arccos\left[\cos\gamma - \frac{2\mathrm{dx}}{U_{\mathrm{di0}}} I_{\mathrm{o}} - K(I_{\mathrm{o}} - I_{\mathrm{d}})\right] \tag{7.11}$$

式中，K为偏差控制的斜率；I_{o}为电流指令。

根据式(7.11)可以获知实际的预测型定熄弧角控制下的直流系统熄弧角并不能保持恒定，而是比设定值大一些。特别是若直流系统是非线性的，当输送功率较低时，熄弧角可以更大一些，降低了换相失败的概率。由此可知，常规直流系统的潮流模型不区分两种不同类型的控制系统，得到的结果并不准确。为了得到与潮流计算结果匹配的结果，对于预测型熄弧角控制系统，需要设置合适的 dx 参数才能获得合适的熄弧角。

针对预测型熄弧角控制的直流系统，经验化的调节方案如下：

(1)按照电磁暂态中元件的参数，调整潮流模型中的参数，特别是变压器的参数、线路的参数、滤波器电容等；

(2)锁定控制系统中的定电压控制环节，保证在初始化过程中，定电压控制部分不起作用；

(3)调节预测型熄弧角控制公式式(7.11)中的参数 dx，仿真计算并观察直流系统初始化完成后的熄弧角，反复调整直到与潮流计算结果一致；

(4)调节逆变侧变压器的变比，仿真计算并观察直流系统初始化完成后的直流电压，反复调整直到与潮流计算结果一致；

(5)调节整流侧变压器的变比，仿真计算并观察直流系统初始化完成后的整流侧触发角，反复调整直到与潮流计算结果一致；

(6)放开定电压控制环节，进行仿真，检查两侧交流有功功率和无功功率与潮流计算结果是否一致，若偏差较大，则是潮流模型中的参数存在错误，重新执行第一步，检查模型参数中的错误，若偏差较小，则完成初始化调整。

常规直流系统采用晶闸管换流器需要依赖交流系统建立的交流电压进行换相，直接初始化可能导致逆变侧的换相失败，因此需要分阶段初始化，如图 7.21 所示，其中，交流侧电压幅值相角、变压器变比、整流侧触发角、逆变侧超前触发角都从潮流计算结果中获得，三个阶段如下：

第一阶段，闭锁直流触发系统，交流侧两端电压源的幅值和角度为潮流计算结果，对交流侧元件进行充电；

第二阶段，利用潮流计算结果中两侧的触发角锁定直流控制系统，启动直流电路以及触发系统，对直流线路部分的元件进行充电；

第三阶段，将控制系统进行反向初始化，并将控制系统放开，进入正常计算。

这种三阶段的初始化过程对潮流模型要求更高，同时要求控制系统具备反向初始化的功能，但是初始化更快。

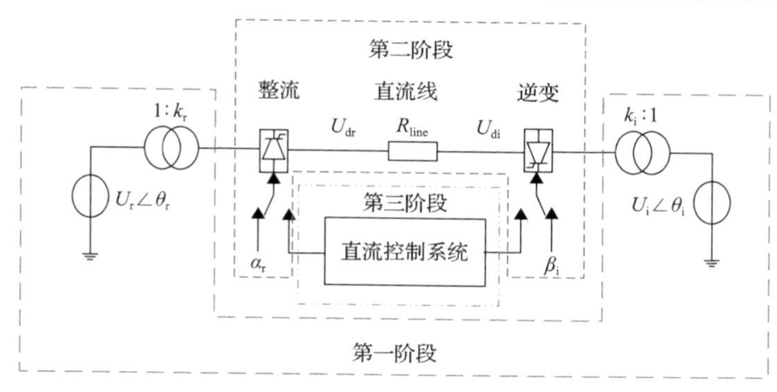

图 7.21　常规直流的初始化过程示意图

7.2.4　算例分析

华东电网覆盖上海、江苏、浙江、安徽、福建四省一市，是一个典型的受端电网，拥有锦苏、复奉、林枫、宜华、龙政、宾金、灵绍、雁淮等多条直流系统。

交流侧线电流的有效值计算未考虑换相过程，将导致无功功率产生偏差。利用华东电网的直流系统对不同电流计算公式的结果进行分析，如表 7.2 所示。从表中可以看出，未考虑换相过程的无功功率计算值都偏大，平均误差在 3.54%，采用换相公式式(7.6)和式(7.7)计算得到的无功功率计算值会更加准确，平均误差分别降低为 1.08%和 0.74%，大大降低了无功功率的计算偏差，使得潮流计算结果更加准确，减小交直流之间的交接误差。

表 7.2　直流输电系统潮流计算结果对比

直流输电系统		基础参数		电磁暂态无功功率/Mvar	不考虑换相		换相电流为线性函数		换相电流为三角函数	
		交流电压/kV	直流有功功率/MW		无功功率/Mvar	误差/%	无功功率/Mvar	误差/%	无功功率/Mvar	误差/%
锦苏直流	送端	525	3600	3920.78	4075.8	3.95	3946.6	0.66	3954.8	0.87
	受端	525		3865.62	3969	2.67	3862.6	0.08	3868	0.06
复奉直流	送端	525	3200	3405.5	3535	3.80	3427.8	0.65	3434.4	0.85
	受端	525		3295.16	3341.8	1.42	3263	0.98	3266.6	0.87
林枫直流	送端	525	1500	1429.06	1574.8	10.20	1532	7.20	1442	0.91
	受端	525		1505	1553.8	3.24	1518.6	0.90	1519.6	0.97
宜华直流	送端	525	1500	1518.34	1574.8	3.72	1531.4	0.86	1533.8	1.02
	受端	525		1563.2	1596.6	2.14	1558.8	0.28	1560.6	0.17
龙政直流	送端	525	1500	1519	1574.8	3.67	1531.4	0.82	1533.8	0.97
	受端	525		1562.74	1595.6	2.10	1557.6	0.33	1559.4	0.21

续表

直流输电系统		基础参数		电磁暂态无功功率/Mvar	不考虑换相		换相电流为线性函数		换相电流为三角函数	
		交流电压/kV	直流有功功率/MW		无功功率/Mvar	误差/%	无功功率/Mvar	误差/%	无功功率/Mvar	误差/%
宾金直流	送端	525	4000	4418.88	4566.6	3.34	4419.8	0.02	4429.4	0.24
	受端	525		4347.08	4444.4	2.24	4326.2	0.48	4332.2	0.34
灵绍直流	送端	800	3100	3260.18	3448.6	5.78	3342.8	2.53	3349.4	2.74
	受端	525		3076.42	3139.8	2.06	3076.4	0.00	3079	0.08
雁淮直流	送端	525	4000	4444.24	4631.6	4.22	4479	0.78	4489.2	1.01
	受端	525		4551.42	4646.6	2.09	4519.4	0.70	4526.2	0.55
平均						3.54		1.08		0.74

当采用三阶段初始化策略时，直流系统启动速度更快。由于交流系统的电压提供支撑，整流和逆变的晶闸管不会换相失败。相较于传统的直流仿真初始化策略(即正常启动)，三阶段初始化策略简化和加快了直流启动过程。正常启动和三阶段启动的对比如图 7.22 所示，三阶段启动需要的时间少于正常启动。

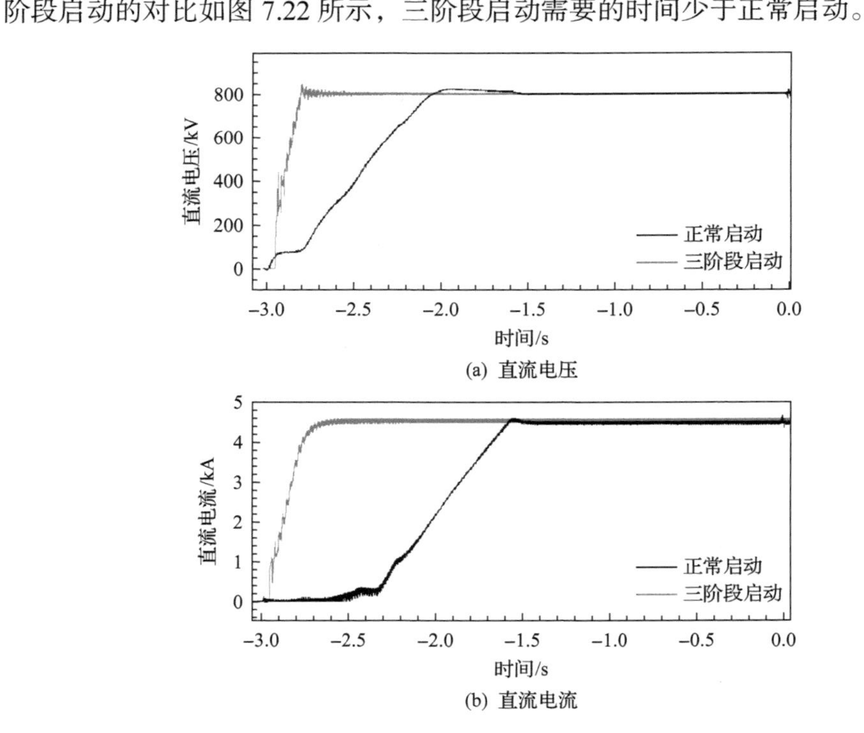

(a) 直流电压

(b) 直流电流

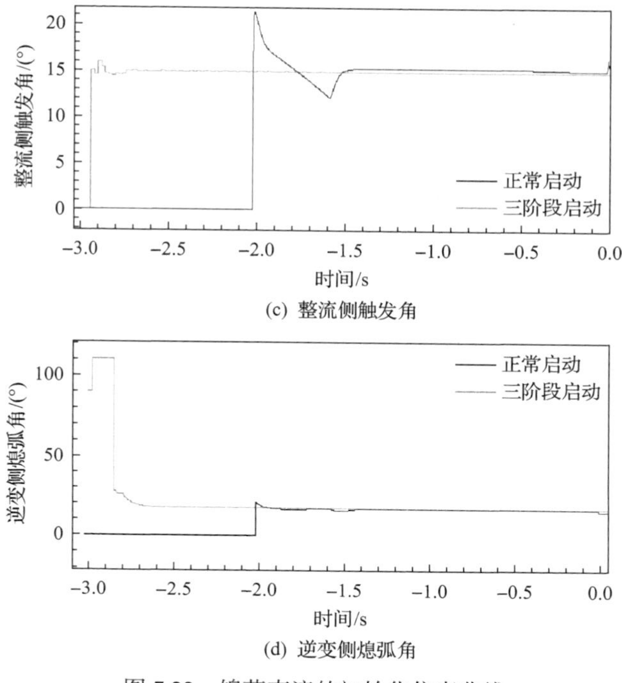

(c) 整流侧触发角

(d) 逆变侧熄弧角

图 7.22　锦苏直流的初始化仿真曲线

7.3　分网初始化方法

7.3.1　分网初始化策略

从 7.1 节和 7.2 节的分析中可以看出，发电机、常规直流和柔性直流这三类系统的初始化需要采用不同的策略。初始化问题最重要的是看设备自身特性和控制特性，针对不同的特性需要采用不同的初始化方法。

(1) 自身特性比较明确的设备。这类设备建立的潮流模型准确，潮流模型和电磁模型一致，计算精度高，如电容电抗器、线路、变压器等设备。针对这类设备很容易推导解析公式，可以使用解析法也可以使用仿真法，仿真法需要考虑充电过程，电压源有一个爬坡过程，避免电压电流的振荡。

(2) 控制系统外特性比较简单的设备。这类设备建立的潮流模型存在一定误差，或复杂的潮流模型会增加潮流计算的难度，但是在控制系统下设备的外特性比较简单，潮流模型可以根据外特性进行建模，如发电机和柔性直流模型。发电机在励磁系统的调节下，端点处的电压可以保持恒定，发电机的潮流模型可以使用 PV 节点进行分析，这类设备可以使用解析法也可以使用仿真法，仿真法中发电机比较特殊，还需要给其他元件做电源支撑。柔性直流模型和FACTS模型的内部比较复杂，但是在外环解耦控制下，外特性比较简单，可以使用PQ或PV节点进行潮流计算，仿真法得到的结果也能和潮流计算结果一致，但是由于设备自身比较复杂，利用潮流模型对内部量进行解析初始化的方法比较难。

(3) 自身特性复杂控制系统也复杂的设备。常规直流就是这样的典型设备，交流侧电压电流的谐波含量很多，控制系统只对直流侧进行控制，交流侧的有功功率可以通过损耗的修改与潮流保持一致，无功功率则完全依赖潮流模型计算的准确性。这类设备在潮流计算时必须建立比较复杂的模型，不能简单使用PV或PQ节点表示。潮流模型的误差将直接转换为电磁暂态初始化的误差，电磁暂态仿真初始化对潮流模型的准确性要求非常高。这类设备的初始化目前只能借助于仿真计算。

因此，对于含有不同设备的系统，需要对设备进行分网计算，提出分网初始化的策略。

1. 分网初始化流程

对需要仿真的电网进行分网。

(1) 分网内元件的潮流模型必须有相同的特性，具备相同的准确性。也就是说，常规直流或柔性直流等电力电子元件必须单独分到一个区内，这种元件的初始化较交流系统元件更复杂一些，潮流初始化结果存在一定的误差，若这些元件分到一个区内，则会导致误差更大。

(2) 分网之间具备较长的线路，可以将线路转换为分布参数线路，从而利用分布参数线路自身的延时将其分成两个网，分布参数线路的延时必须大于两侧电网的计算步长。计算步长一般为50μs，线路一般不小于15km。

(3) 分网时可以采用自动分网技术，也可以使用手动分网的方法。实际中，比较大的交流系统一般采用分区分层管理的方法，区域内的电网联系紧密，不同区域电网之间通过高电压等级的长距离线路联系。因此，实际电网具备天然的分网特性，可以根据区域将电网进行手动分网。比如说，对国内的区域电网来说，可以按照省网的方式将电网分成不同子网。自动分网技术主要是利用程序根据线路长度，将电网自动分成不同的子网。

纯交流系统网络可以采用解析法的方式进行初始化，常规直流和柔性直流等电力电子设备需要依赖仿真法进行初始化，初始化过程中需要外部电网提供支撑。因此，分网之后需要在接口处添加接口钳位电源用于初始化时的电压支持，当初始化结束后切除。针对常规直流输电系统，无功功率偏差较大，因此，会在初始化完成后，将电压源转换为电容电感。

网络之间的分布参数线路在多个分网完成初始化后也需要进行初始化，避免冲击的发生。

2. 分网接口钳位电源

分网之后，各子网都需要进行独立初始化，独立初始化时需要子网的边界添加电压源作为钳位电源。

由于电磁侧直流工程的正常运行依赖于整流侧和逆变侧的交流母线电压稳定，应在电磁侧直流系统的整流侧和逆变侧交流母线上使用钳位电源，同时通过三相时控开关与两侧母线相连，并设置在初始化完成后断开，此时直流系统早已进入稳定运行状态。读取机电侧潮流结果中的整流侧和逆变侧交流母线的电压幅值和相角标幺值，并填写到电磁模型的电源处。

在初始化完成时，可以根据初始化结束时的无功功率将钳位电源转换为电容、电抗器，从而保证冲击功率的产生。

3. 分布参数线路初始化

分布参数线路保存的是延时的历史值，因此，在初始化结束时，也需要对分布参数线路进行初始化。

假设分布参数线路的延时时间为 τ。初始化方法为根据潮流计算得到的电压电流值，计算得到$[-\tau, 0]$时间段的电压电流值，作为历史值存入到分布参数线路的延时历史变量中。

7.3.2　算例分析

为说明整个交直流系统的初始化过程，本节专门使用华东电网数据进行仿真，采用华东电网 2016 年夏天发生的某次真实事故对其进行说明。

1. 华东电网算例介绍

华东电网由上海电网、江苏电网、浙江电网、安徽电网和福建电网 5 个子网组成，是一个典型的负荷中心，外来送电主要通过直流输电系统完成，也是一个典型的直流多落点系统。直流输电系统对电网内的交流故障反应灵敏，华东电网内交流故障可能造成多回直流同时换相失败的发生，同时存在直流闭锁的风险。2016 年事故发生时，地理图如图 7.23 所示，当时投运的直流只有 7 条，分别是林枫直流、龙政直流、宜华直流、复奉直流、锦苏直流、宾金直流、葛南直流，其他直流尚未投运。

2016 年 6 月某日，华东电网浙江地区 500kV 夏安线(夏金—信安)B 相故障跳闸，重合不成功。故障造成宾金直流双极四换流器各发生两次换相失败，林枫直流极 Ⅰ 发生一次换相失败。故障位于靠近信安侧 0.94km，离夏金侧 45km，信安侧 55ms 切除故障，夏金侧 43ms 切除故障，重合闸时间为 1.3s。从故障形态来看属于金属性接地。

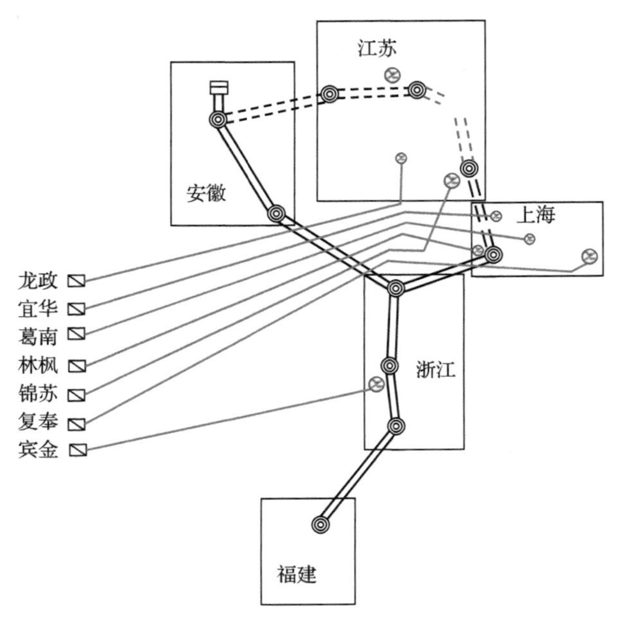

图 7.23　华东电网 2016 年某事故发生时的地理图

本算例中华东电网仅考虑 220kV 及以上电网，从华东系统导出的实时数据共有 3262 条交流母线以及 385 台发电机。华东电网由 5 个省网组成，因此，可以分成五个子网进行计算，子网规模如表 7.3 所示。

表 7.3　华东电网子网规模

子网	母线总数/条	1000kV 线路/条	525kV 线路/条	230kV 线路/条	发电机/台	直流落点/个
上海	287	1	24	168	20	4
江苏	1210	2	91	758	146	2
浙江	836	3	71	476	96	1
福建	447	1	32	252	66	0
安徽	482	3	43	294	57	0
合计	3262	10	261	1948	385	7

机电暂态仿真结果显示没有直流换相失败，需要对直流进行详细的电磁暂态建模，并采用机电-电磁混合仿真或全电磁暂态仿真的方式对事故进行分析。

采用全电磁暂态仿真的方法时，需要将子网进行解网计算，那么初始化过程也需要按照这种方式进行。将华东电网按照省网的方式进行解网，分为 5 个子网，子网之间分布参数线路的延时时间如表 7.4 所示。直流输电系统由于具有特殊性，计算过程中需要多次插值，需要单独分网计算，7 条直流的数据如表 7.5 所示。从表 7.4 和表 7.5 中可以看出，当仿真步长为 50μs 时，子网都满足解网的条件。

表 7.4　子网间分布参数线路延时时间

联络线	线路编号	电压等级/kV	并联数	延时时间/μs
上海—江苏	1	1000	2	581.4
	2	525	2	358.7
上海—浙江	1	525	2	139.9
	2	525	2	151.7
	3	230	2	140.3
江苏—浙江	1	525	2	526.0
江苏—安徽	1	525	2	677.2
	2	525	2	465.4
	3	525	2	305.4
浙江—福建	1	1000	2	955.2
浙江—安徽	1	1000	2	535.2
	2	525	1	318.4
	3	525	2	408.6

表 7.5　华东电网直流情况

名称	电压等级/kV	容量/MW	接入子网	最小延时时间/μs
葛南直流	±500	582×2	上海	115.2
龙政直流	±500	1500×2	江苏	92.0
宜华直流	±500	1500×2	上海	129.3
林枫直流	±500	1500×2	上海	124.0
复奉直流	±800	3200×2	上海	100.5
锦苏直流	±800	3600×2	江苏	70.4
宾金直流	±800	4000×2	浙江	82.2

2. 仿真对比

全电磁暂态中采用详细的直流电磁暂态模型进行计算，为了进行对比，设置同样的混合仿真计算。混合仿真计算部分，直流模型采用电磁暂态计算，交流部分采用机电暂态计算，两者的接口位于直流输电系统两侧换流变压器一次侧母线处。仿真对比如图 7.24～图 7.26 所示，两者基本一致。

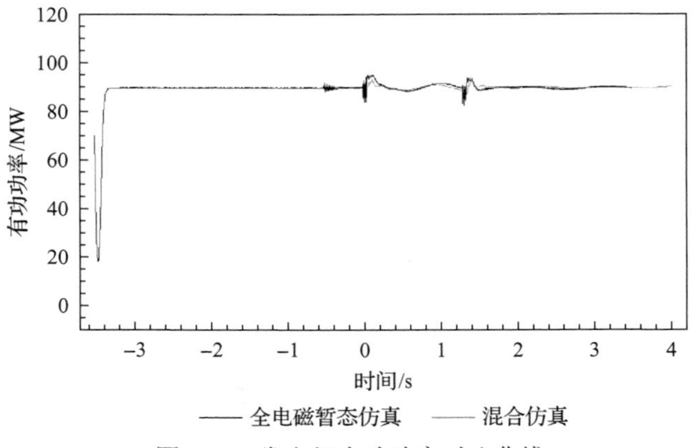

图 7.24　发电机有功功率对比曲线

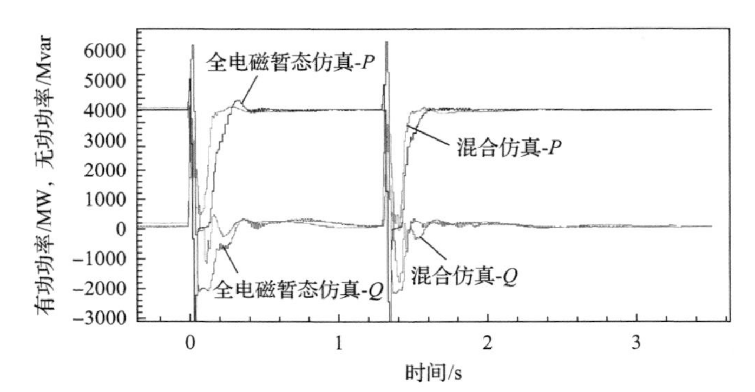

图 7.25　宾金直流有功功率/无功功率对比曲线

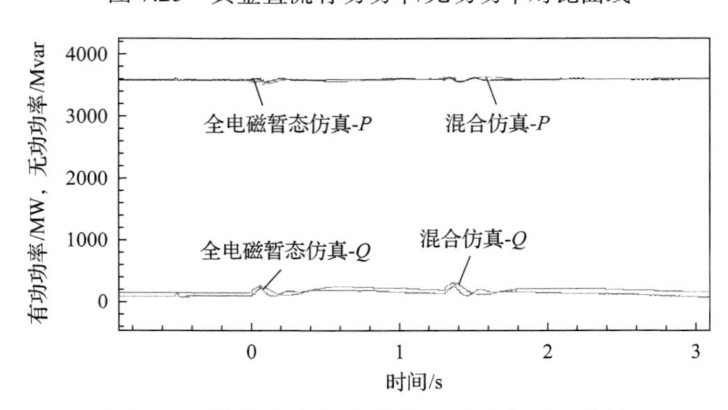

图 7.26　锦苏直流有功功率/无功功率对比曲线

7.4　本 章 小 结

本章对大规模交直流电网的初始化问题进行了详细的讨论，分别讨论了几种特殊的元件，根据初始化难易简单分为三类。

(1)元件简单、潮流模型简单，如线路、变压器、电容电抗器等。

(2)元件复杂、潮流模型简单，如柔性直流模型、FACTS 设备等。

(3)元件复杂、潮流模型复杂，如常规直流输电系统。

其中，前两类都可以通过潮流计算得到的结果进行初始化，第一类采用解析法和仿真法都可以初始化，而第二类需要借助仿真法初始化。

针对常规直流输电系统，其潮流模型比较复杂，且控制系统并不直接对直流系统的外特性进行控制。这样就导致需要对直流内部进行详细的潮流建模，潮流模型的误差将导致直流系统外特性(有功功率、无功功率)的偏差。有功功率可以通过调整损耗系数保持一致，无功功率则完全不可控。本章对常规直流输电系统的潮流模型进行了详细分析，并对潮流模型进行了改进，通过仿真验证的方法可以看出，本章提出的模型计算精度更高，可以将无功功率的误差降低到 1%左右。针对常规直流启动过程复杂的问题，提出三阶段初始化方法，不必模拟直流的启动过程，直接对交流系统、直流系统进行充电，速度更快。

本章提出了一种分网初始化的策略：将不同特性的元件分到不同子网中；在子网之间增加钳位电源，使各子网能够顺利地独立初始化；将分布参数线路进行初始化，使各子网在独自初始化完成后，合网仿真。最后，利用华东电网 2016 年实际发生的一个交流单相故障算例分析了该初始化策略的有效性。

参 考 文 献

[1] 叶小晖. 电力系统全电磁暂态仿真算法及初始化方法研究[D]. 北京：清华大学, 2020.

[2] Garcia N, Acha E. Periodic steady-state analysis of large-scale electric systems using Poincare map and parallel processing[J]. IEEE Transactions on Power Systems, 2004(19): 1784-1793.

[3] Louie K W, Wang A, Wilson P, et al. Discussion on the initialization of the EMTP-type programs[C]//IEEE Conference on Electrical & Computer Engineering, Saskatoon, 2005.

[4] Aprille T J, Trick T N. Steady state analysis of nonlinear circuits with periodic inputs[J]. Proceedings of the IEEE, 1972(60): 108-114.

[5] Perkins B K, Marti J R. Nonlinear elements in the EMTP: Steady-state initialization[J]. IEEE Transactions on Power Systems, 1995, 10(2): 593-601.

[6] Nakhla M S, Jr Branin F H. Determining the periodic response of nonlinear systems by a gradient method[J]. International Journal of Circuit Theory & Applications, 1977, 5(3): 255-273.

[7] Skelboe S. Computation of the periodic steady-state response of nonlinear networks by extrapolation methods[J]. IEEE Transactions on Circuits and Systems, 1980, CAS-27(3): 161-175.

[8] Wang Q, Marti J R. A waveform relaxation technique for steady state initialization of circuits with nonlinear elements and ideal diodes[J]. IEEE Transactions on Power Delivery, 1996, 11(3): 1437-1443.

[9] Kundur P. Power System Stability and Control[M]. New York: McGraw-Hill, 1994.

[10] 祁万春, 蔡晖, 薛季良, 等. 500kV 统一潮流控制器提高大容量直流馈入系统电压稳定性的研究[J]. 电测与仪表, 2018, 55(18): 115-119.

第 8 章 全电磁暂态仿真程序在实际电网中的应用

本章介绍将整套全电磁暂态仿真程序 PSModel 在包含了大量直流和新能源发电设备的蒙西电网、华东电网、华北电网和西北电网中的应用。电网最大规模达到 10000 个三相节点、14 回直流/34 个换流站、超过 2000 个新能源接入点。PSModel 具备了我国区域电网规模的电力系统全电磁暂态仿真能力。

8.1 全电磁暂态仿真程序应用场景一：蒙西电网

全电磁暂态仿真程序 PSModel 在蒙西电网开展了应用工作。

1. 蒙西电网简介

内蒙古自治区已经成为国家重要的战略能源基地、新型绿色能源基地、石油替代产业的清洁能源转化基地，从之前作为常规火电机组的补充，变为仅次于火电的主力电源，新能源地位的大幅提升已经对传统的调度计划制作方式提出了挑战和新要求。而随着国家对能源安全的关注，以风电光伏为代表的新能源发电容量将进一步提升，抽水蓄能电站也将作为灵活调节电网平衡的重要手段进一步得到应用。为适应这种转变和发展趋势，更好地保证新能源的接入和调度运行，迫切需要研究风光火蓄互济系统电源协调运行机理，以经济性、环保性和安全性原则为指导，确定四种电源联合优化运行的基本模式。随着大规模新能源的接入，以及大量电力电子元器件的应用，电网结构逐步改变，电网的安全特性越来越复杂。第一，大量新能源的分散性、随机波动性对电网的安全稳定运行有重大的影响。第二，新能源并网的动态特性，特别是在电压稳定方面的问题很突出。第三，部分风电场汇集区系统极其薄弱，过电压水平很高。第四，新能源消纳与送出比例对电网稳定运行边界的影响包含诸多未知因素，存在安全隐患。内蒙古电网迅速发展的新能源与相对滞后的仿真分析技术的矛盾越来越突出，迫切需要随着电网的发展趋势加强仿真分析能力，引入更精准的全电磁暂态仿真技术，提高电网动态安全分析能力，与时俱进地开展研究工作，以适应新元件、新设备接入电网的安全需求[1,2]。

截至 2018 年底，内蒙古统调装机总容量为 69155.97MW，其中直调容量为 66193.81MW，地调容量为 2962.16MW。直调火电装机容量为 39247.2MW、水电装机容量为 1960MW、风电装机容量为 18132.89MW、光伏装机容量为 6853.72MW。

直调容量中含自备电厂容量 6717.2MW。

蒙西电网 2019 年某运行方式下，经过统计，整个蒙西电网共 2282 个三相节点、357 台同步发电机、235 个新能源发电设备(光伏、双馈或直驱风机)、330 个负荷、77 个对地并联补偿、839 条交流线路。

通过分网并行工具，将蒙西电网划分为 22 个交流子系统，平均每个子系统大约 16 台同步发电机；因为风机计算量大，所有风机单独划分出来独立计算，被划分为 39 个风电系统，平均每个风电系统大约 6 台风机；总共 61 个子系统并行计算。采用的硬件系统为浪潮服务器，配置四路 16 核心的 Intel Xeon E7-4850 v4 CPU，主频 2.1GHz，共 64 核心。

2. 电磁暂态数据的建模

全电磁暂态仿真程序在计算前，需要对整个电磁暂态网络完成建模的工作。

为了减轻工作人员的负担，我们将采用自动转换和部分固定模型的方式，通过转换程序“LTP_2_PSM”将电网中经过长期考验的电网数据转换为电磁暂态网络的基础数据，表 8.1 为具体的转换列表。

表 8.1 机电暂态转换电磁暂态数据

元件	机电暂态网络	电磁暂态网络
发电系统	序分量的同步发电机、励磁、原动机、调速器、PSS 等	三相同步发电机、励磁、原动机、调速器、PSS 等
线路	Π 形线路模型	三相贝吉龙模型、Π 形线路模型
两绕组变压器	两绕组变压器(考虑正序和零序)	三相两绕组变压器，参考电压等级和零序参数，设置连接组别和接地方式
三绕组变压器	具有中性点的三个两绕组变压器	三相三绕组变压器，参考电压等级和零序参数，设置连接组别和接地方式
负荷模型	静态负荷和动态负荷模型	三相静态负荷模型+旋转电机
无功补偿装置	电感或电容	电感或电容
新能源模型	新能源模型	指定使用模型库中固定的光伏和风机模型，根据潮流计算结果，设定新能源的初始状态
柔直模型	柔直模型	指定使用模型库中固定的柔直模型类型，根据潮流计算结果，设定柔直的初始状态
常规直流模型	常规直流模型	指定使用模型库中固定的常规直流模型类型，根据潮流计算结果，设定直流的初始状态

3. 电磁暂态初始化

全电磁暂态仿真程序 PSModel 在数据转换建立电磁暂态模型的时候，将同时读取潮流计算结果，完成对电磁暂态系统中的发电机系统(发电机和励磁调速系统等)、新能源系统、负荷模型等电磁暂态元件的初始状态的设定，交流网络可以在1s内进入稳定运行状态。

图8.1为蒙西电网某台同步发电机的有功和无功出力的仿真结果，根据潮流计算结果进行初始化，发电机可以在0.8s左右进入稳定运行状态，并且与潮流计算结果(潮流计算结果中的有功出力为300MW，无功出力为79.13Mvar)完全一致。

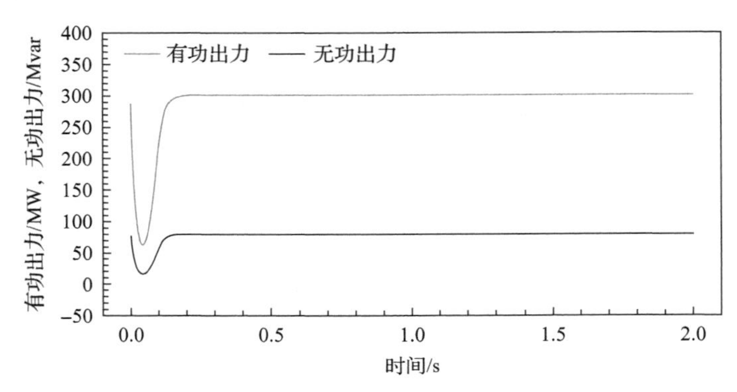

图8.1 蒙西电网某同步发电机的有功和无功出力

表8.2为部分发电机出力与潮流计算结果的对比。

表8.2 全电磁暂态仿真结果——部分发电机出力与潮流计算结果对比

发电机	潮流有功/MW	潮流无功/Mvar	全电磁有功/MW	全电磁无功/Mvar
蒙包二G1	100.0	82.4	100.1	82.6
蒙包热G1	137.6	83.0	137.6	83.0
蒙包三G1	200.0	185.9	200.1	186.1
蒙北方G1	200.0	182.5	200.3	182.3
蒙抽蓄G1	100.0	10.4	99.9	10.6
蒙达旗G1	330.0	109.1	330.0	109.1
蒙东华G1	100.0	72.2	100.2	72.3
蒙北方G1	200.0	182.5	200.3	182.3
蒙东源G2	60.0	43.0	60.0	43.0
蒙多伦G1	70.0	12.5	70.0	12.5
蒙丰泰G2	100.0	79.0	100.1	79.1

表8.2中，有功最大误差为0.3MW，无功功率最大误差为0.2Mvar。整个蒙西电网的发电机在启动计算1s后，有功和无功出力与潮流仿真的结果的差距都能

控制在±1MW 和±1Mvar 以内。

表 8.3 为蒙西电网部分线路全电磁暂态计算结果与潮流计算结果的对比。

表 8.3　全电磁暂态仿真结果——部分线路功率与潮流计算结果对比

线路	潮流有功/MW	潮流无功/Mvar	全电磁有功/MW	全电磁无功/Mvar
蒙丰泉 K1—张丰万 51	1279.2	−225.9	1278.7	−226.2
蒙响沙 51—蒙永圣 51	1108.2	−161.5	1108.0	−161.6
蒙丰泉 K1—蒙丰泉 51	−1279.2	89.5	−1278.8	90.5
蒙威俊 21—蒙坝西 21	−8.1	8.2	−8.1	8.1
蒙大路 21—蒙薛家 21	4.2	−10.2	4.2	−10.4
蒙苏贝 21—蒙图忽 21	10.1	0.9	10.1	0.8

表 8.3 中，整个电磁暂态网络进入稳态后(1s 左右)，部分线路有功功率与潮流差距最大为 0.5MW，无功功率与潮流结果差距最大为 1Mvar，全网线路的有功功率和无功功率与潮流仿真的差异控制在±2MW 和±2Mvar 以内。

某台等值风机总有功功率为 14.852442MW，总无功功率为 0.002442Mvar。风机数量设为 66 台，单台风机初始有功功率为 0.225037MW，无功功率为 0.000037Mvar。全电磁暂态仿真结果为该等值风机总有功功率为 14.61MW，差 0.242442MW。

4. 故障扰动后响应

在某母线添加三相对地金属性短路故障扰动，考察附近一台发电机的有功功率和无功功率，与机电暂态的计算结果对比，见图 8.2。

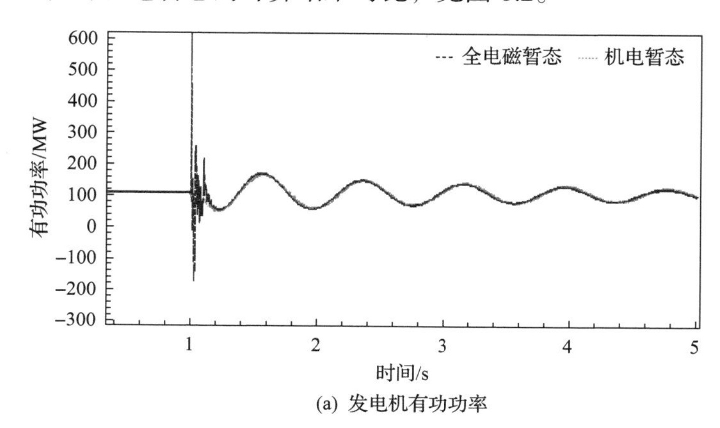

(a) 发电机有功功率

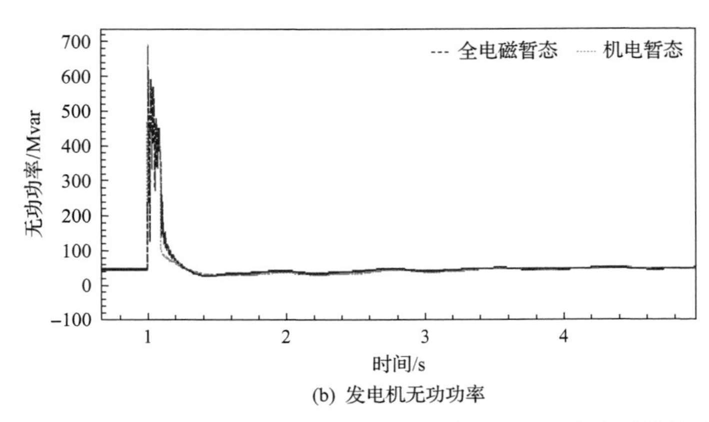

(b) 发电机无功功率

图 8.2　某发电机有功功率和无功功率的全电磁暂态与机电暂态计算结果对比

将附近某个母线的负荷设为恒定功率负荷，在故障扰动下，该点负荷计算出的有功功率和无功功率扰动波形见图 8.3。

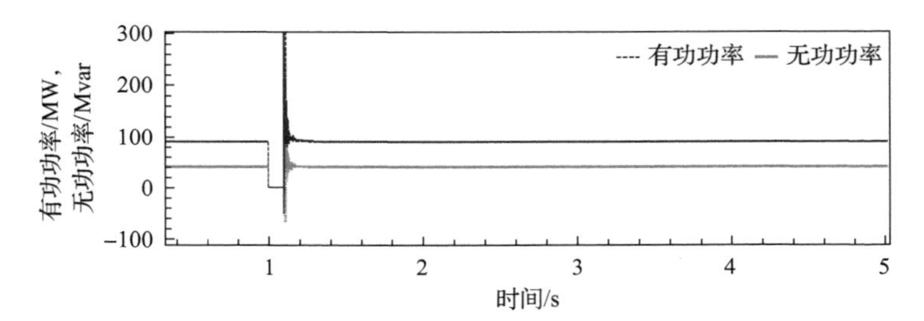

图 8.3　某恒定功率负荷在大扰动下的有功功率和无功功率的波形

蒙响泉作为故障点，当发生 A 相单相短地、两相相间短路、三相短路故障时，附近双馈风机的有功功率和无功功率波形曲线见图 8.4。

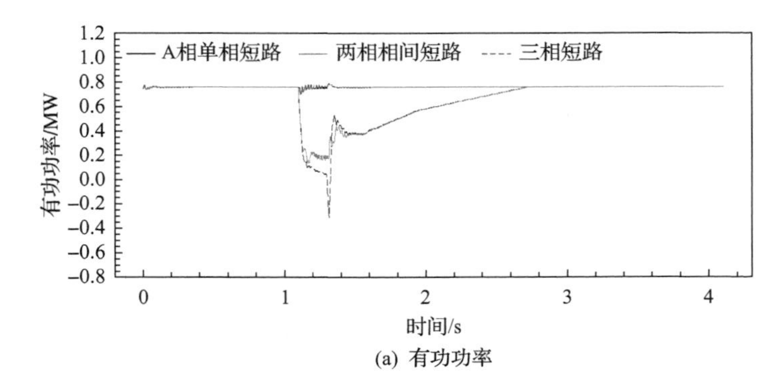

(a) 有功功率

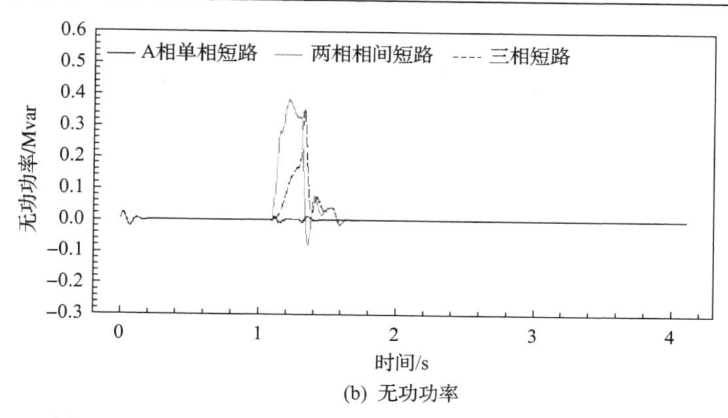

(b) 无功功率

图 8.4　某双馈风机在大扰动下的有功功率和无功功率曲线

8.2　全电磁暂态仿真程序应用场景二：华东电网

1. 华东电网简介

全电磁暂态仿真程序 PSModel 在华东电网开展了应用工作，采用国家电网有限公司华东分部发布的 2020 年夏季电网高负荷运行方式。华东电网是典型的区域型电网，包含江苏、浙江、上海、安徽、福建五个省网，共包含 7047 个三相节点、6534 条线路、4679 台两绕组变压器(含三绕组)、617 台同步发电机、2474 个负荷(电动机+静态负荷)以及 11 条直流和 24 个换流站(其中锡泰和吉泉直流为分层直流，华东侧各有 500kV 和 1050kV 两个换流站)，计算规模如表 8.4 所示。

表 8.4　华东电网 2019 年计算规模

重要元件	数量
三相节点	7047 个
线路	6534 条
两绕组变压器(含三绕组)	4679 台
同步发电机	617 台
负荷(电动机+静态负荷)	2474 个
直流和换流站	11 条直流/24 个换流站

华东电网共包括 11 条直流(24 个换流站)和 3091 台旋转电机，计算规模已经超过国家重点研发计划预先设定的 5000 个三相节点的目标，对电磁暂态仿真来说，是相当大的。全电磁暂态仿真程序 PSModel 采取分网并行的计算策略，通过半自动分网并行工具，将整个华东电网分割为 76 个子系统，具体的分割方案如表 8.5 所示。

表 8.5　华东电网网络分割方案

电网	子系统名称	三相节点/个	同步发电机/台	负荷(电动机+静态负荷)/个	换流站/个
江苏电网（17个）	江苏 0	168	28	73	0
	江苏 1	164	13	89	0
	……				
	江苏 12	85	14	35	0
	锦苏直流	39	7	19	2
	龙政直流	77	11	29	2
	雁淮直流	8	3	0	2
	锡泰直流	17	3	0	3
浙江电网（26个）	浙江 0	173	9	45	0
	浙江 1	128	7	43	0
	……				
	浙江 23	69	8	30	0
	宾金直流	6	1	0	2
	灵绍直流	9	1	0	2
上海电网（14个）	上海 0	36	1	16	0
	上海 1	105	1	47	0
	……				
	上海 9	50	1	16	0
	葛南直流	12	2	5	2
	林枫直流	6	1	0	2
	宜华直流	28	1	9	2
	复奉直流	27	4	9	2
安徽电网（11个）	安徽 0	89	18	54	0
	安徽 1	101	17	50	0
	……				
	安徽 8	49	4	24	0
	安徽 9	49	15	25	0
	吉泉直流	16	3	0	3
福建电网（8个）	福建 0	56	13	38	0
	福建 1	88	18	52	0
	……				
	福建 7	81	6	48	0

2. 电磁暂态初始化

全电磁暂态仿真程序 PSModel 在数据转换建立电磁暂态模型的时候，将同时读取潮流计算结果，完成对电磁暂态系统中的发电机系统(发电机和励磁调速系统等)、新能源系统、负荷模型等电磁暂态元件的初始状态的设定，交流网络可以在 1～2s 内完全进入稳定运行状态。

图 8.5～图 8.9 为部分华东电网子系统在接口处的有功功率和无功功率在前 3s 的仿真结果。

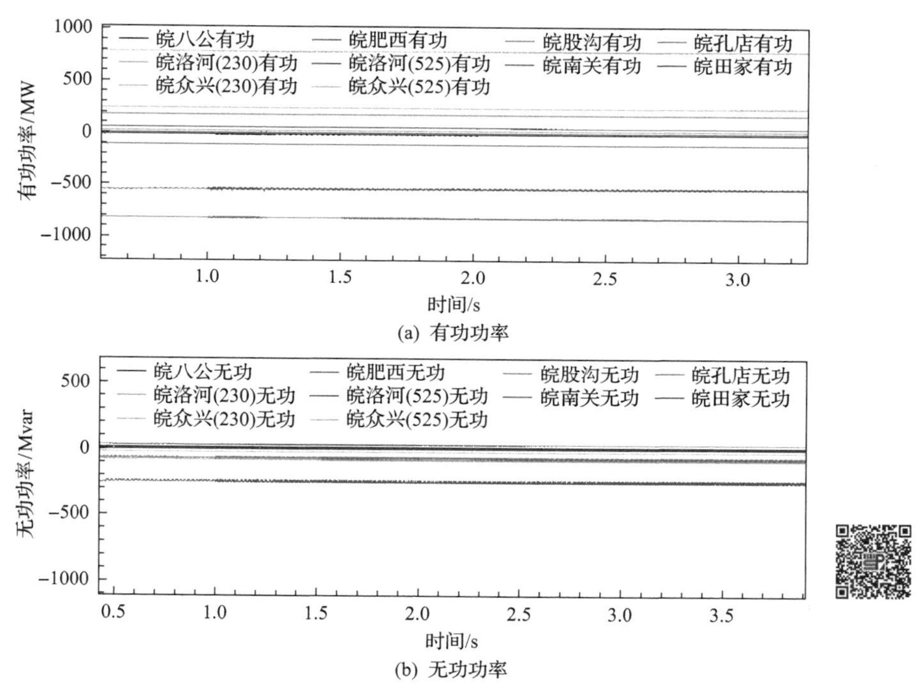

图 8.5　子系统安徽 0 在接口处的有功功率和无功功率(彩图扫二维码)

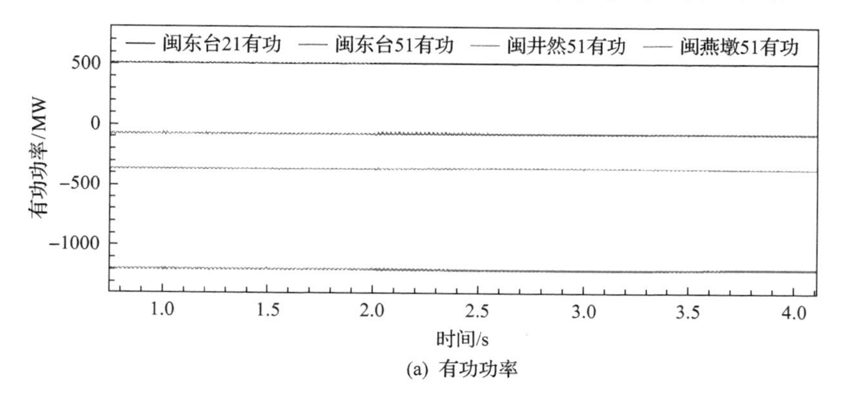

(a) 有功功率

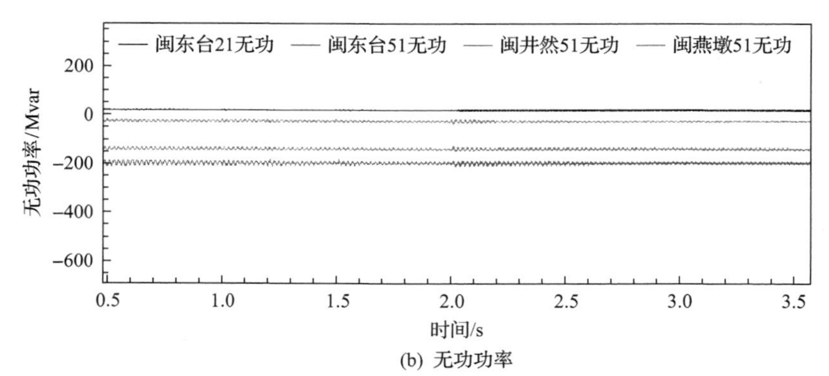

(b) 无功功率

图 8.6　子系统福建 4 在接口处的有功功率和无功功率(彩图扫二维码)

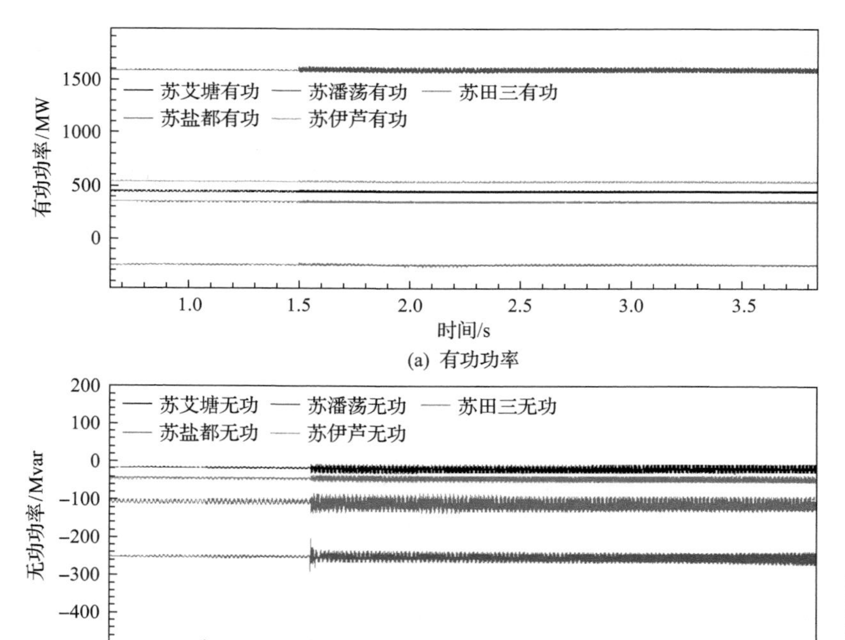

(b) 无功功率

图 8.7　子系统江苏 5 在接口处的有功功率和无功功率(彩图扫二维码)

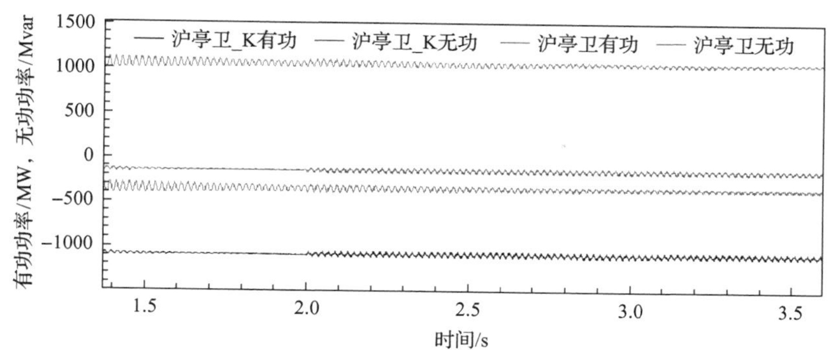

图 8.8　子系统上海 8 在接口处的有功功率和无功功率(彩图扫二维码)

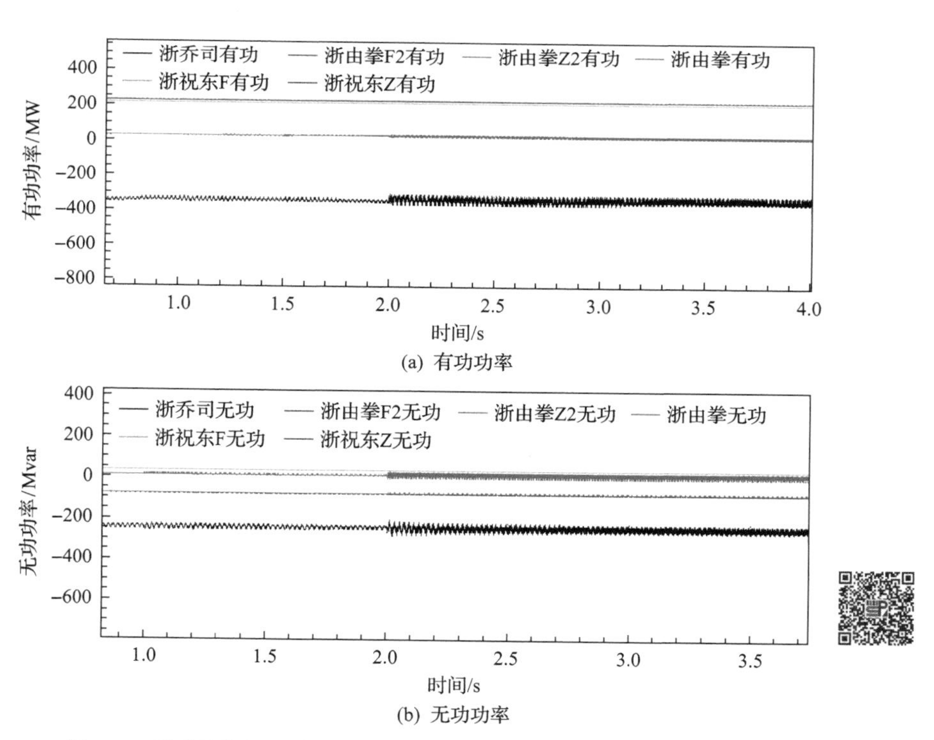

(a) 有功功率

(b) 无功功率

图 8.9　子系统浙江 3 在接口处的有功功率和无功功率(彩图扫二维码)

林枫、龙政、宜华、复奉、雁淮、锡泰等 10 回直流的电压和电流的波形图参见图 8.10～图 8.19。

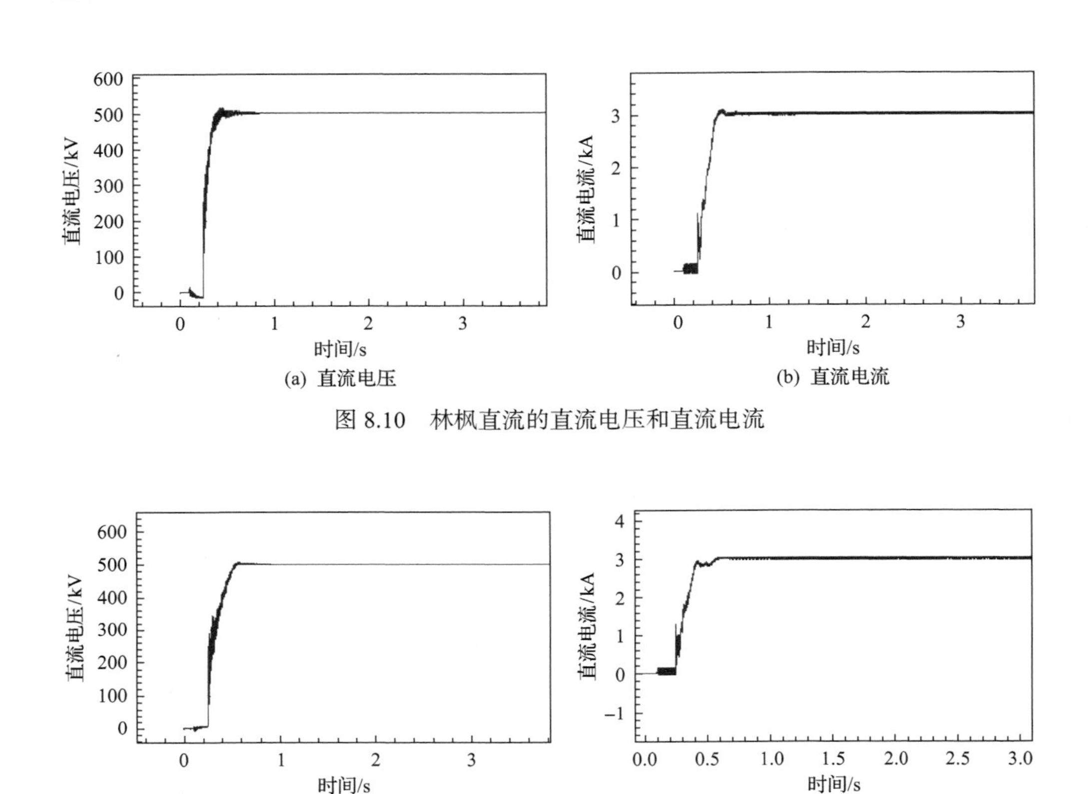

(a) 直流电压　(b) 直流电流

图 8.10　林枫直流的直流电压和直流电流

(a) 直流电压　(b) 直流电流

图 8.11　龙政直流的直流电压和直流电流

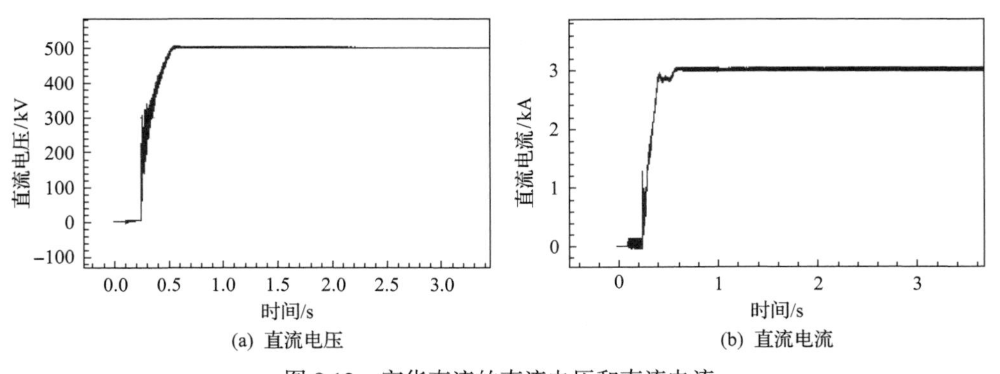

(a) 直流电压　(b) 直流电流

图 8.12　宜华直流的直流电压和直流电流

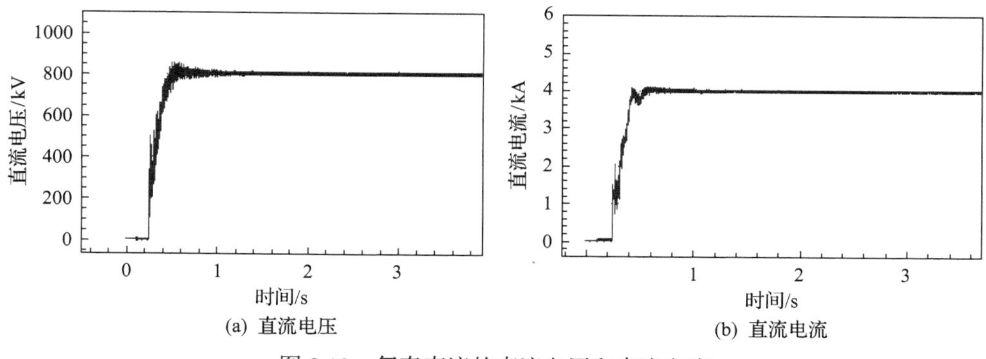

(a) 直流电压 (b) 直流电流

图 8.13 复奉直流的直流电压和直流电流

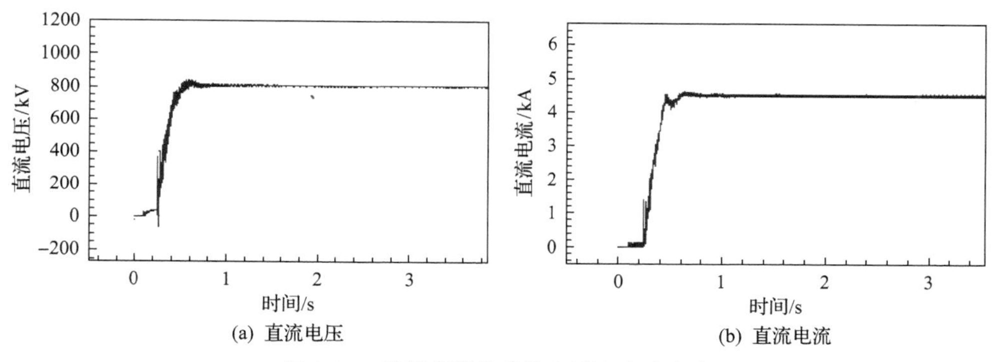

(a) 直流电压 (b) 直流电流

图 8.14 锦苏直流的直流电压和直流电流

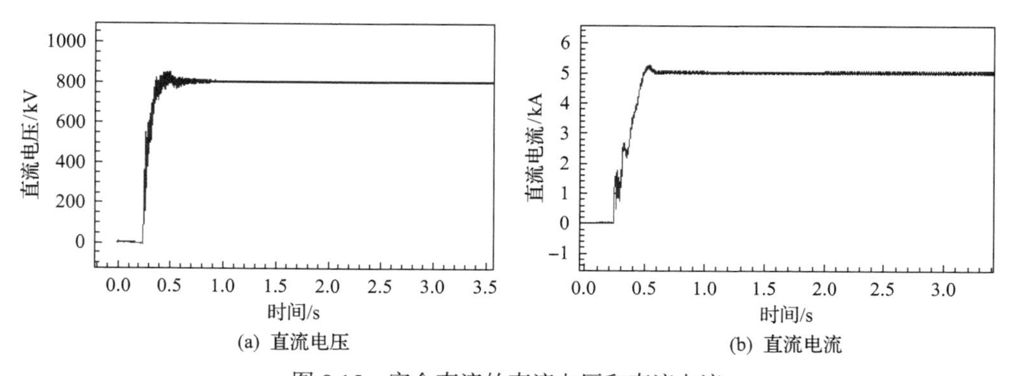

(a) 直流电压 (b) 直流电流

图 8.15 宾金直流的直流电压和直流电流

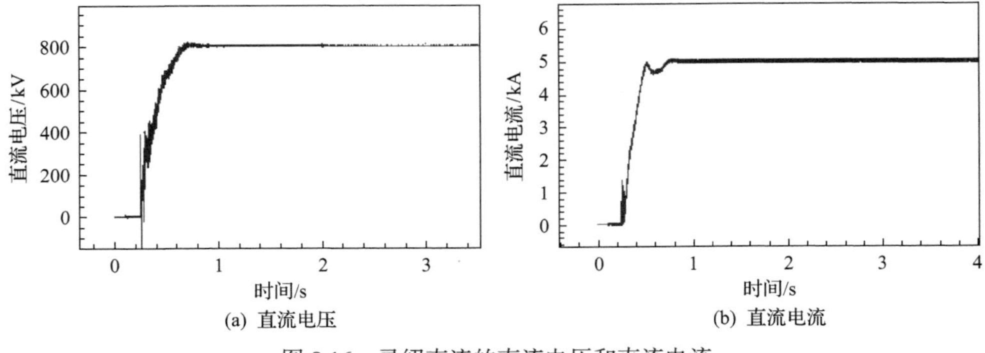

(a) 直流电压　　(b) 直流电流

图 8.16　灵绍直流的直流电压和直流电流

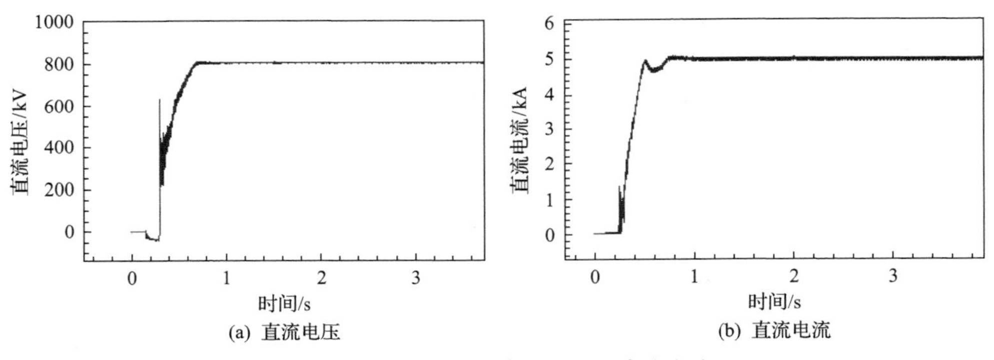

(a) 直流电压　　(b) 直流电流

图 8.17　雁淮直流的直流电压和直流电流

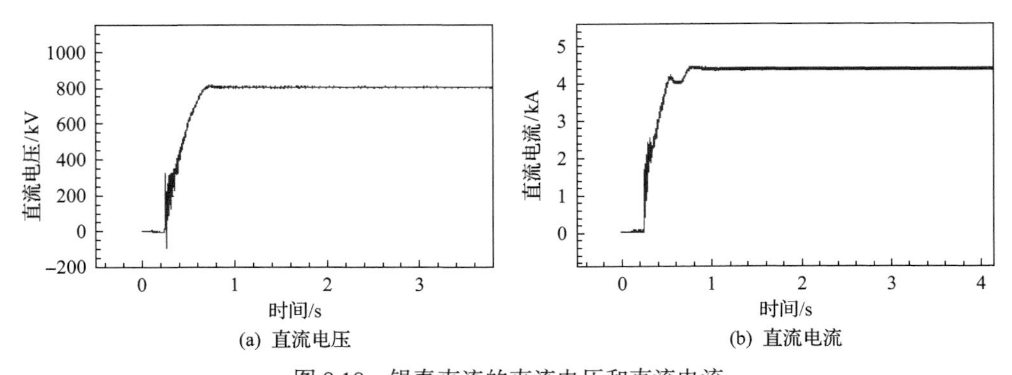

(a) 直流电压　　(b) 直流电流

图 8.18　锡泰直流的直流电压和直流电流

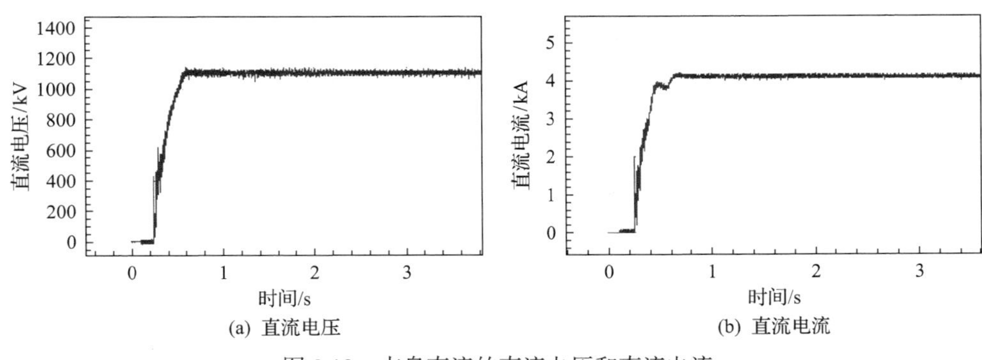

(a) 直流电压　(b) 直流电流

图 8.19　吉泉直流的直流电压和直流电流

将子系统接口处的功率与潮流计算结果进行详细对比，部分对比结果详见表 8.6。

表 8.6　华东电网部分子系统在 3s 时刻仿真结果与潮流计算结果对比

子系统	接口母线	有功/MW	无功/Mvar	潮流有功/MW	潮流无功/Mvar
江苏 4	国盱眙	–956.0	–1434.0	–957.8	–1429.0
	苏安澜	–340.0	–190.0	–342.0	–187.0
	苏旗杰	–544.3	–266.7	–543.4	–270.8
	苏上河	–605.0	–501.0	–601.0	–501.5
江苏 7	苏任庄	700.0	–343.0	696.6	–342.6
	苏三堡	1240.0	–1030.0	1221.4	–1030.2
浙江 14	浙妙西	–3119.0	–1080.0	–3115.5	–1077.7
	浙含山	–573.0	10.0	–579.0	6.9
浙江 23	浙明州	1498.0	–38.0	1496.6	–37.0
	浙宁海	939.0	–153.0	938.0	152.1
上海 1	沪顾路_K	–661.0	–43.0	–661.2	–40.4
	沪三林	–2950.0	–170.0	2951.4	–180.0
	沪杨高	–946.0	12.0	–951.9	15.4
上海 8	沪亭卫_K	–1090.0	–149.4	–1093.4	–148.4
	沪亭卫	1053.0	–348.0	1055.0	351.5
安徽 3	皖皋城	–536.4	13.0	–539.5	13.6
	皖石店	–320.0	–18.0	–318.4	–18.2
安徽 5	皖文都	165.0	390.0	158.9	–391.57
安徽 9	皖当涂	1820.5	–205.0	1818.3	199.5

续表

子系统	接口母线	有功/MW	无功/Mvar	潮流有功/MW	潮流无功/Mvar
福建 0	闽东岗 51	−3048.0	141.0	−3050.8	141.5
	闽后石 51	2065.0	15.0	2062.7	18.0
福建 5	闽崇儒 51	−2315.4	−57.0	−2314.1	56.3
	闽古东 21	−141.0	−6.4	−140.1	−6.1
	闽宁德 51	2355.0	−630.0	2343.9	−631.4

从表 8.6 可以看出，有功误差最大约为 18.6MW(约为视在功率的 1.1%)；无功功率最大误差为 10Mvar(约为视在功率的 0.3%)；有功功率和无功功率的最大误差都较小。

3. 系统扰动下的对比

线路“闽宁德__(525.00kV)—闽崇儒__(525.00kV)”三相瞬时故障，图 8.20～图 8.22 是福建部分发电机响应的对比(全电磁暂态与机电-电磁混合仿真计算结果对比)。

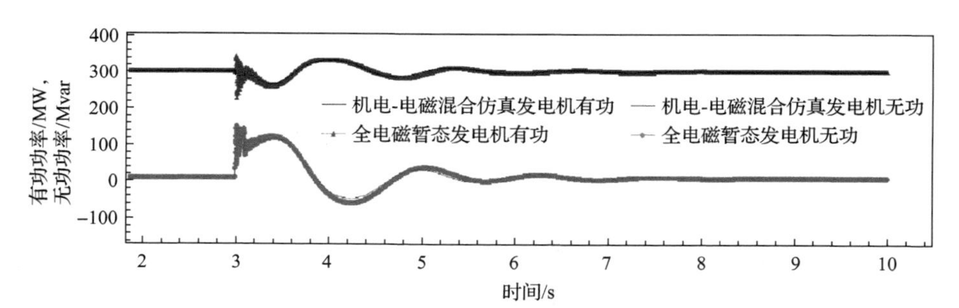

图 8.20 闽半岭 G1(15.8kV)发电机的有功功率和无功功率
(全电磁暂态与机电-电磁混合仿真计算结果对比)

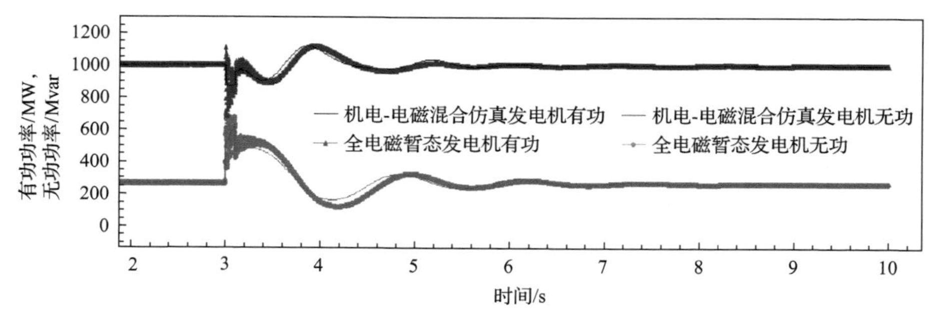

图 8.21 闽湄二 G1(27kV)发电机的有功功率和无功功率
(全电磁暂态与机电-电磁混合仿真计算结果对比)

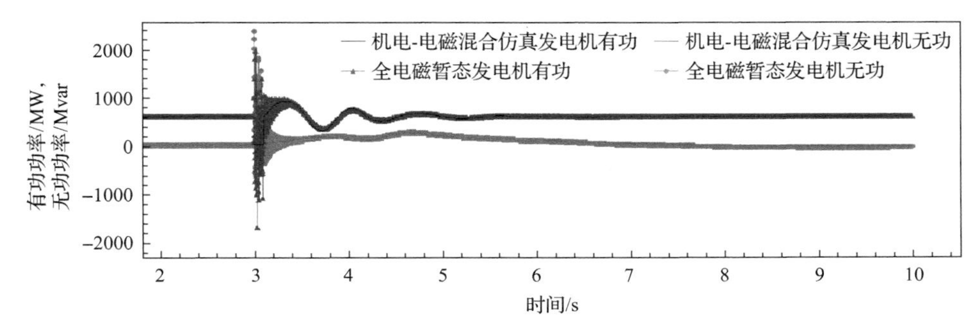

图 8.22　闽大唐 G4(20kV)发电机的有功功率和无功功率
(全电磁暂态与机电-电磁混合仿真计算结果对比)

图 8.23～图 8.25 是福建部分线路响应的对比(全电磁暂态与机电-电磁混合仿真计算结果对比)。

图 8.26～图 8.28 是福建部分变压器响应的对比(全电磁暂态与机电-电磁混合仿真计算结果对比)。

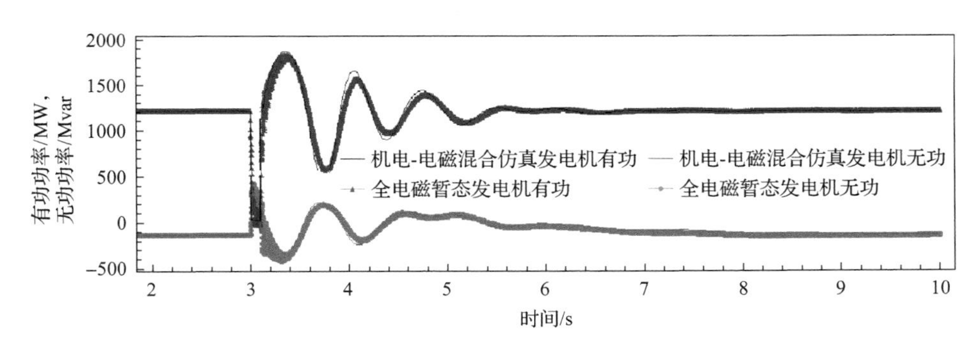

图 8.23　闽大唐 51—闽宁德 51(525kV)线路的有功功率和无功功率
(全电磁暂态与机电-电磁混合仿真计算结果对比)

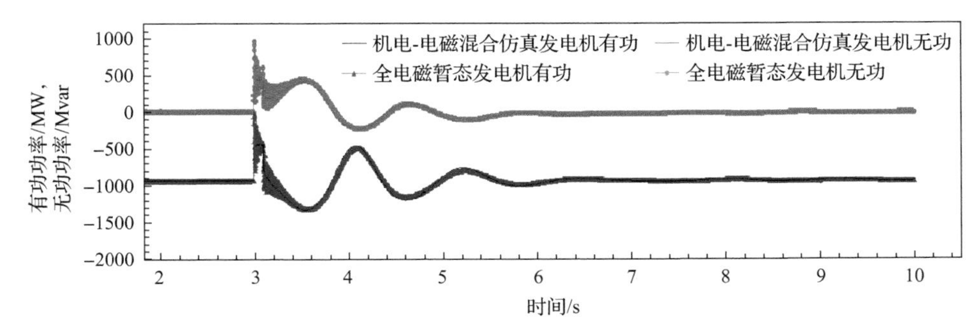

图 8.24　国榕城—闽晴川 51(525kV)线路的有功功率和无功功率
(全电磁暂态与机电-电磁混合仿真计算结果对比)

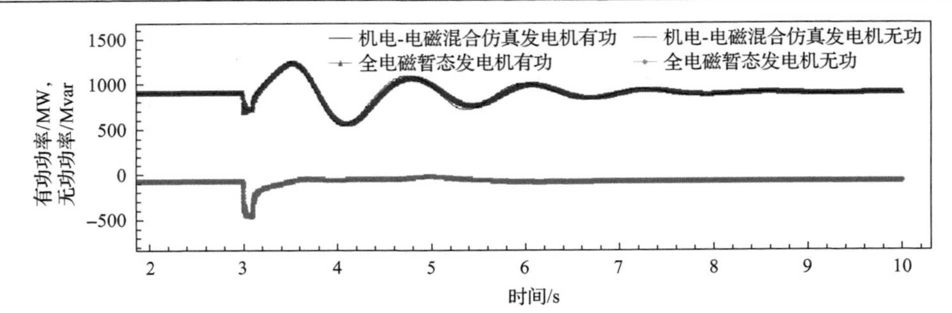

图 8.25　闽大园 51—闽泉州 51(525kV)线路的有功功率和无功功率
(全电磁暂态与机电-电磁混合仿真计算结果对比)

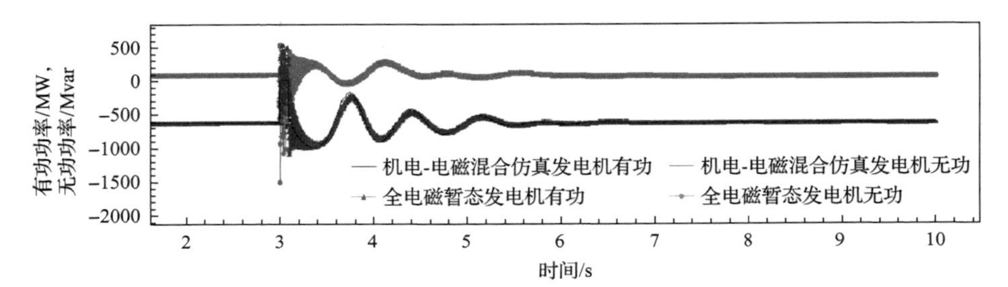

图 8.26　闽大唐 51_(525kV)—闽大唐 G1_(22kV)变压器的有功功率和无功功率
(全电磁暂态与机电-电磁混合仿真计算结果对比)

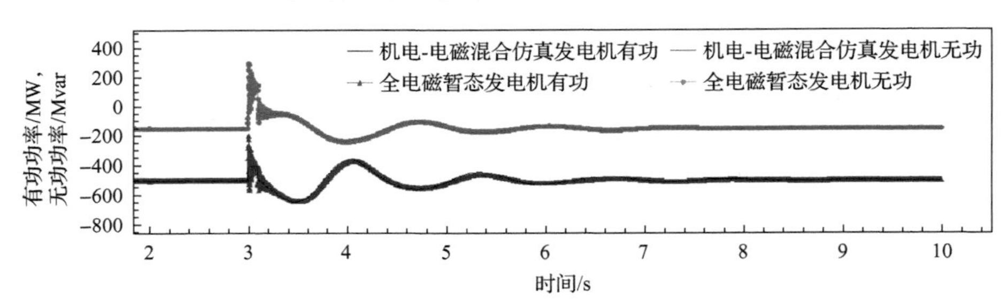

图 8.27　闽大园 21_(230kV)—闽大园 B2_(1kV)变压器的有功功率和无功功率
(全电磁暂态与机电-电磁混合仿真计算结果对比)

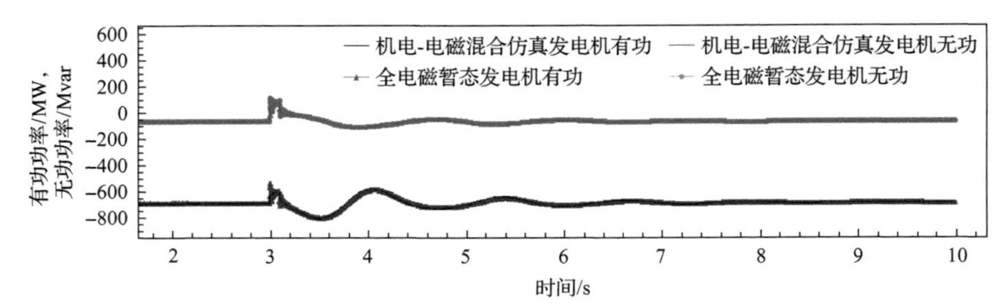

图 8.28　闽东岗 21_(230kV)—闽东岗 B2_(1kV)变压器的有功功率和无功功率
(全电磁暂态与机电-电磁混合仿真计算结果对比)

因为 2020 年福建境内没有直流，这个测试结果可以认为是对全电磁暂态交流系统仿真结果准确性的考验，测试结果表明，对常用的发电机系统、负荷模型、线路以及变压器在受扰动后的响应(有功功率和无功功率)的模拟，全电磁暂态仿真与成熟的机电暂态程序仿真结果的差异非常小。更进一步分析这种差异来源，基本认为这种差异主要是由于机电暂态与电磁暂态两种发电机模型内部的简化不同，但具体来自于哪一部分或哪个参数，暂时还没有确定的结论。

对于这个系统，开展系统扰动下直流仿真的研究，安澜 500kV 母线附近发生三相对地金属性短路，雁淮直流、锡泰直流影响较大，锦苏直流影响较小，对于直流的主要特征量，如直流电压、直流电流和直流熄弧角，全电磁暂态仿真结果与机电-电磁混合仿真结果的对比如图 8.29～图 8.31 所示。

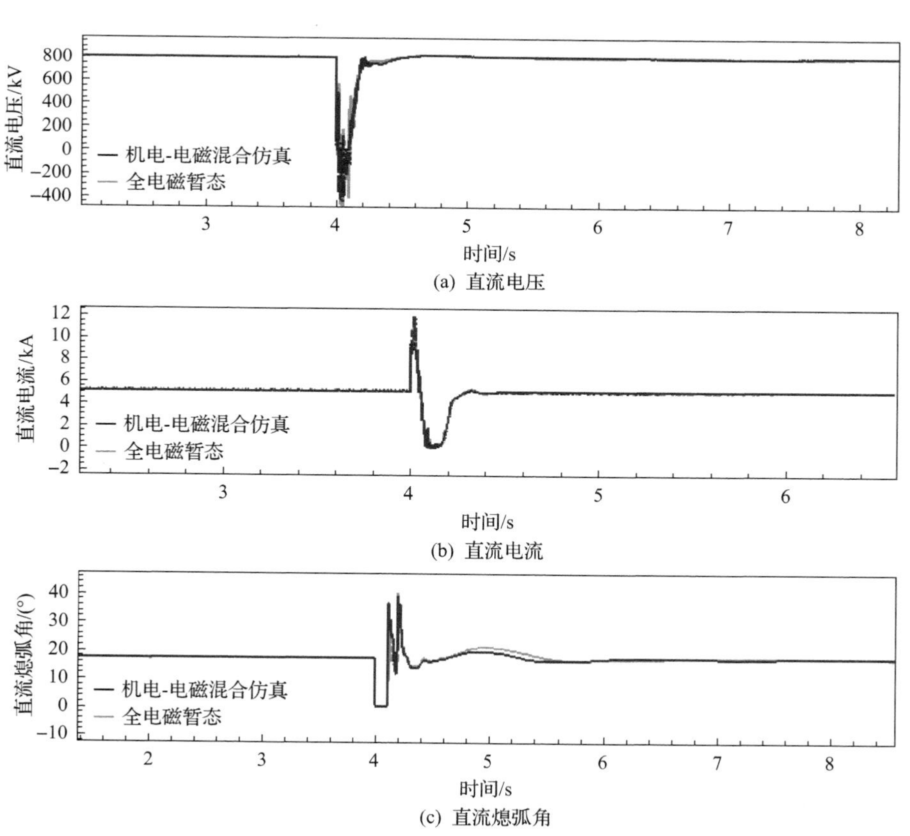

(a) 直流电压

(b) 直流电流

(c) 直流熄弧角

图 8.29　全电磁暂态与机电-电磁混合仿真结果对比
(雁淮直流的电压、电流和熄弧角)

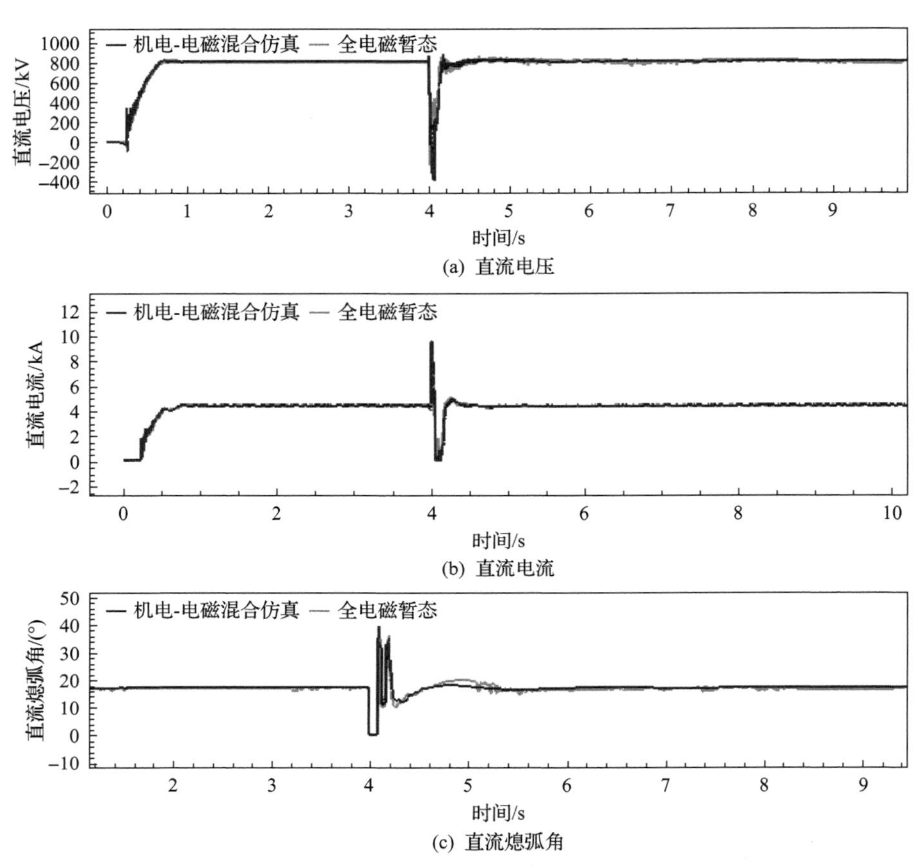

(a) 直流电压

(b) 直流电流

(c) 直流熄弧角

图 8.30　全电磁暂态与机电-电磁混合仿真结果对比
（锡泰直流的电压、电流和熄弧角）

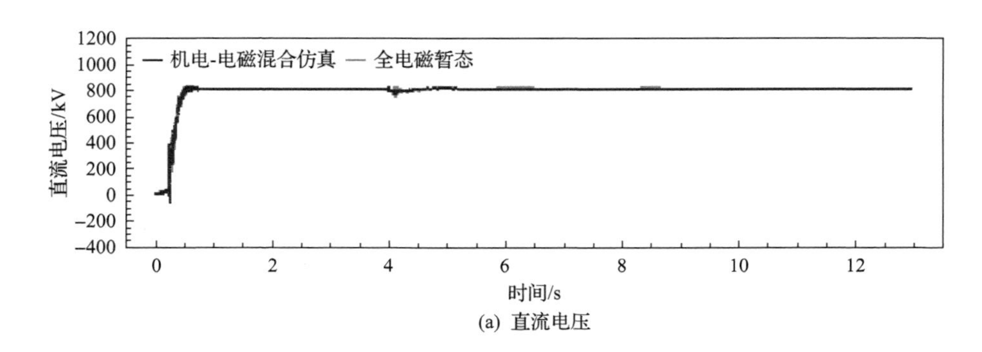

(a) 直流电压

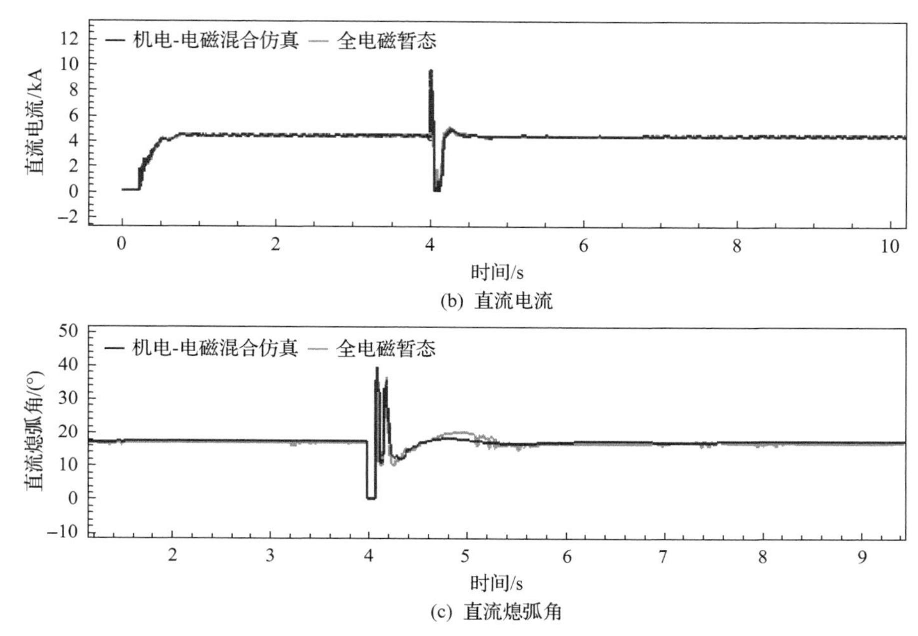

(b) 直流电流

(c) 直流熄弧角

图 8.31　全电磁暂态与机电-电磁混合仿真结果对比
（锦苏直流的电压、电流和熄弧角）

对比图 8.29～图 8.31 可以看出，由于交流电网计算结果基本一致，全电磁暂态与机电-电磁混合仿真的直流模型和算法都完全一致，只是接口形式不一样，雁淮、锡泰和锦苏直流的外部特征完全一致，华东其余直流，如龙政、宜华、葛南、宾金、灵绍等直流，相隔较远，与锦苏直流在此故障下的响应基本一致。

8.3　全电磁暂态仿真程序应用场景三：如东海上风电柔直送出工程

江苏如东地区海域风能资源丰富，水深适宜，受航运、军事等因素制约小，是建设海上风电场的良好地址。图 8.31 为江苏如东海上风电经 VSC-HVDC 并网工程结构图，其中海上风电场 H6、H8 和 H10 项目的总装机容量分别为 400MW、300MW 和 400MW。由于海上风电场装机容量大，离岸距离远，因此风机先通过场内的 220kV 海上变电站汇集升压，再通过 220kV 海缆接入海上换流站，然后经直流电缆送出至陆上换流站，最后接入陆上交流系统。图 8.32 中的 CB 表示交流断路器。

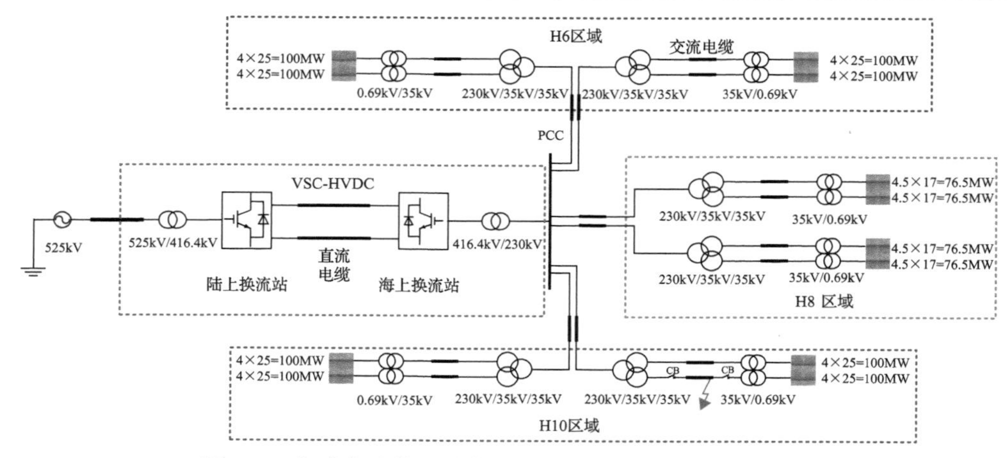

图 8.32　江苏如东海上风电经 VSC-HVDC 并网工程结构图

由于大型齿轮箱制造技术的限制，直驱型风电机组是目前海上风电应用的主流机组类型[3]。单个直驱型风电机组主要由风力机、机侧换流器、网侧换流器、直流电容和耗能装置组成。机侧换流器采用定直流电压、定无功功率的控制模式。网侧换流器采用定有功、定无功控制模式。两侧换流器均采用正负序分离的双 dq 控制策略[4]。

其中 VSC-HVDC 基于 MMC 的拓扑结构，采用对称伪双极的电气接线形式。海上、陆上换流站通过直流电缆相连，海上换流站采用定公共连接点(point of common coupling，PCC)交流电压的无源控制方式，为海上交流系统提供一个稳定的同步交流电源。陆上换流站一个自由度控制直流侧电压，另一个自由度控制无功功率。

1. 海上风电经 VSC-HVDC 并网系统启动仿真研究

在海上风电经 VSC-HVDC 并网系统中，MMC 子模块电容与各风机直流侧电容初始电压均为 0kV，IGBT 因缺乏足够的能量而闭锁。若 MMC 或风机解锁顺序控制不当，将导致换流站产生较大的冲击电流和直流电压跌落，对设备造成严重伤害。因此，需研究风机经 VSC-HVDC 并网系统的启动策略，确保系统平稳、合理启动至额定状态。

考虑到如东海域含有大量风机，所有风机同时启动势必对海上换流站造成冲击，因此，需分阶段启动风机，风机经 VSC-HVDC 并网系统启动策略具体如下。

(1) 首先，闭合陆上换流站的交流断路器，投入限流电阻，两侧 MMC 闭锁充电，监测 MMC 子模块的电容电压值。

(2) 在陆上换流站的子模块电容电压平均值大于 0.65p.u.后，海上换流站采用

各桥臂投入 $N/2$ 个子模块的调制方式，通过电容电压平衡控制算法对海上换流站的子模块继续充电。

(3) 在海上换流站的子模块电容电压平均值大于 0.65p.u.后，解锁陆上换流站，并退出限流电阻。陆上换流站采用定直流电压控制，直流电压参考值从 0.65p.u.开始，按照设定斜率爬升至额定值。

(4) 海上换流站解锁，启动无源控制，控制海上侧的交流电压。

(5) 待海上侧交流电压稳定后，分阶段启动风机并网。

各台风机收到使能信号后启动，首先解锁网侧换流器，通过 VSC-HVDC 向直流电容充电，延时 0.1s 后解锁机侧换流器，风机有功功率指令值从 0 开始，按照设定的斜率爬升至额定值，完成风机的启动。

(6) 当所有风机运行至稳定状态、经 VSC-HVDC 向交流系统输送功率后，风电经 VSC-HVDC 并网系统的启动过程结束。

PSModel 搭建图 8.32 所示的如东海上风电经 VSC-HVDC 并网电磁暂态模型，其中 MMC 采用戴维南高效模型，风机侧 VSC 采用平均值模型，通过功率倍乘单元，将每个风电场等效为 4 台风机。

设定初始时刻陆上换流站与海上换流站的交流断路器均断开，MMC 子模块电容电压为 0，海上侧风机全部停运。0.01s 闭合陆上换流站的交流断路器，先启动 VSC-HVDC，再分阶段启动风机。

图 8.33 为江苏如东海上风电经 VSC-HVDC 并网系统启动策略的仿真结果。图 8.33(a)为 MMC 子模块电容电压的标幺值，其中 Ucav_L 表示陆上换流站，Ucav_S 表示海上换流站。图 8.33(b)和(c)分别为 MMC 直流电压、直流电流波形。0.36s 时 Ucav_L 大于 0.65p.u.，海上换流站随即采用各桥臂投入 $N/2$ 个子模块的调

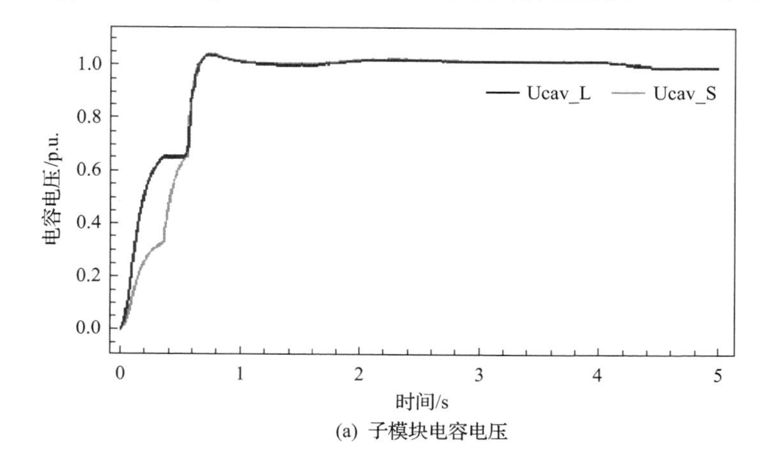

(a) 子模块电容电压

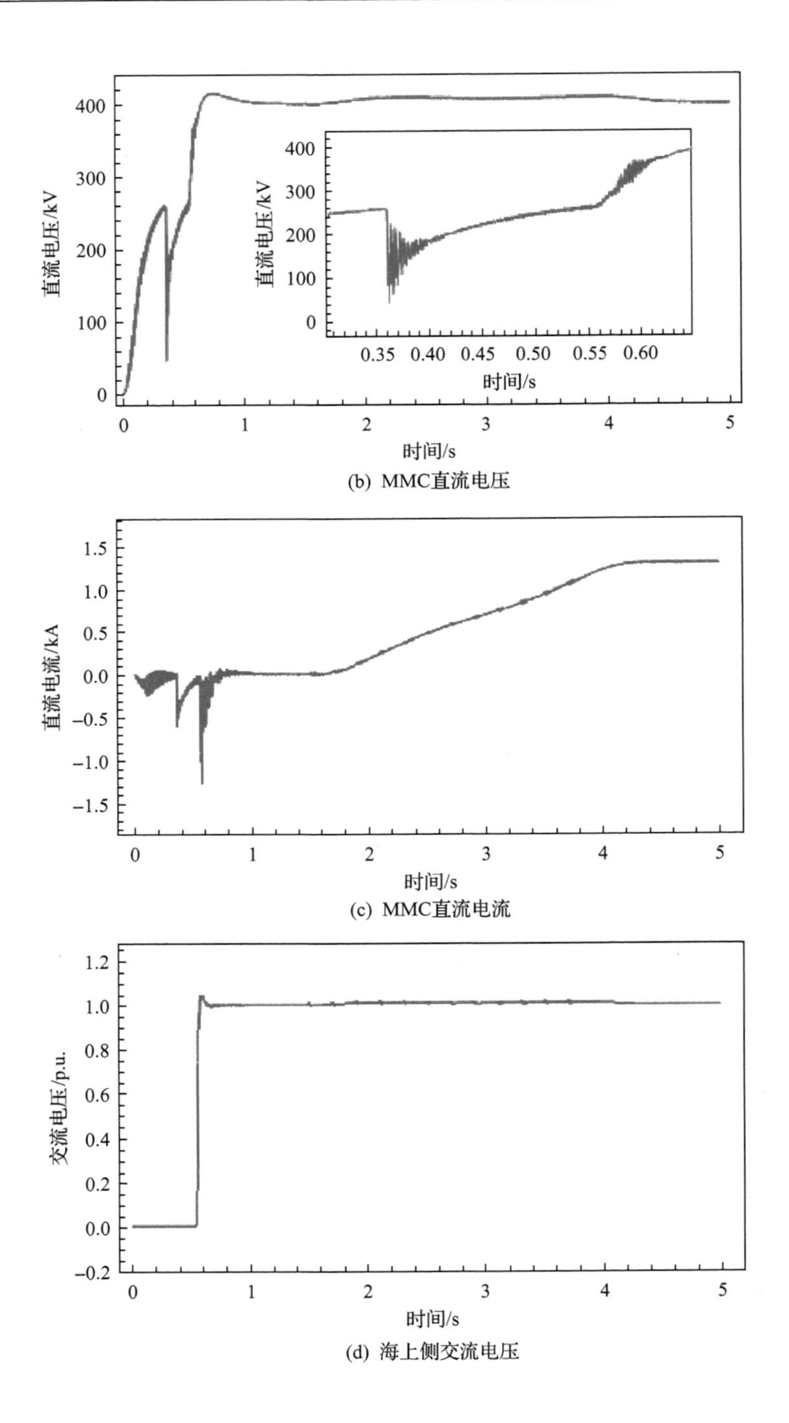

(b) MMC直流电压

(c) MMC直流电流

(d) 海上侧交流电压

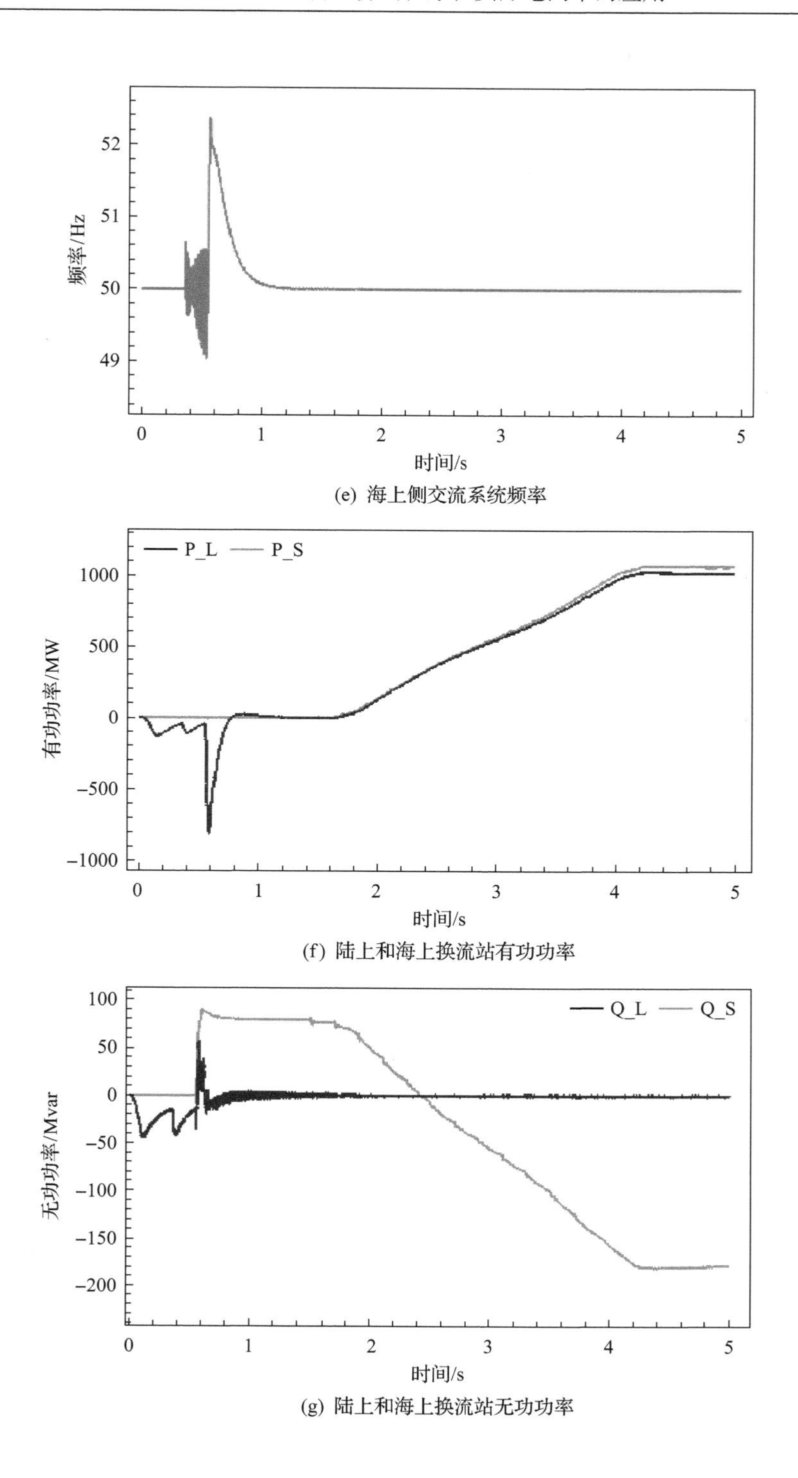

(e) 海上侧交流系统频率

(f) 陆上和海上换流站有功功率

(g) 陆上和海上换流站无功功率

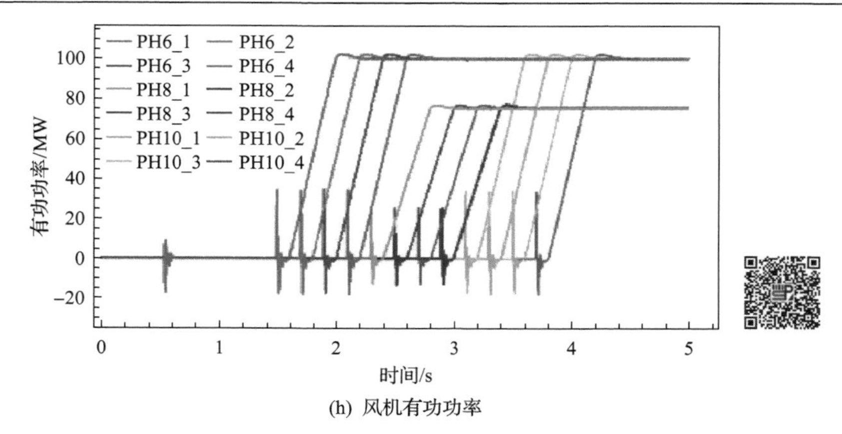

(h) 风机有功功率

图 8.33　江苏如东海上风电经 VSC-HVDC 并网系统启动波形(彩图扫二维码)

制方式，直流电压发生波动，直流电流冲击峰值为 1.27kA，两者均在额定范围内。0.56s 时 Ucav_S 达到 0.65p.u.，陆上换流站解锁，启动定直流电压控制，直流电压上升至额定值 400kV。

图 8.33(d)和(e)分别为交流电压和频率波形。海上换流站启动无源控制后，陆上交流系统经 VSC-HVDC 向海上侧电缆充电，并建立稳定的交流电压，随着风机的投入，直流电流逐渐爬升至 1.3kA。

图 8.33(f)～(h)分别为换流站有功功率、换流站无功功率和风机有功功率波形。P_L、Q_L 分别为陆上换流站有功功率和无功功率，P_S、Q_S 分别为海上换流站有功功率和无功功率。设定有功功率从海上流向陆上为正方向。1.5s 前，陆上侧交流系统经过 VSC-HVDC 向交流电缆充电，换流站有功功率为负。在 1.5s 后，分阶段启动风机，风机通过 VSC-HVDC 向陆上交流系统输送有功功率，换流站有功功率为正，且随着风机的不断投入，换流站有功功率逐步上升至 1063MW。

本节的海上风电经 VSC-HVDC 并网系统启动策略，在实现柔直平滑启动的同时，确保了海上侧风机有序逐步接入电网，送出有功功率。

2. 海上风电经 VSC-HVDC 并网系统故障穿越仿真研究

在海上风电经 VSC-HVDC 并网电磁暂态模型中，模拟 3.0s 时 H10 中 1#风机交流电缆三相短路故障，3.1s 故障线路两侧的交流断路器动作，切除故障线路，并退出 H10 的 1#风机。

图 8.34(a)为交流电压有效值波形，图 8.34(b)为交流电流有效值波形，图 8.34(c)为海上侧交流频率波形，图 8.34(d)为海上换流站有功功率波形，图 8.34(e)为非故障风机有功功率波形。海上换流站采用经典无源控制策略，在 H10 中 1#风机交

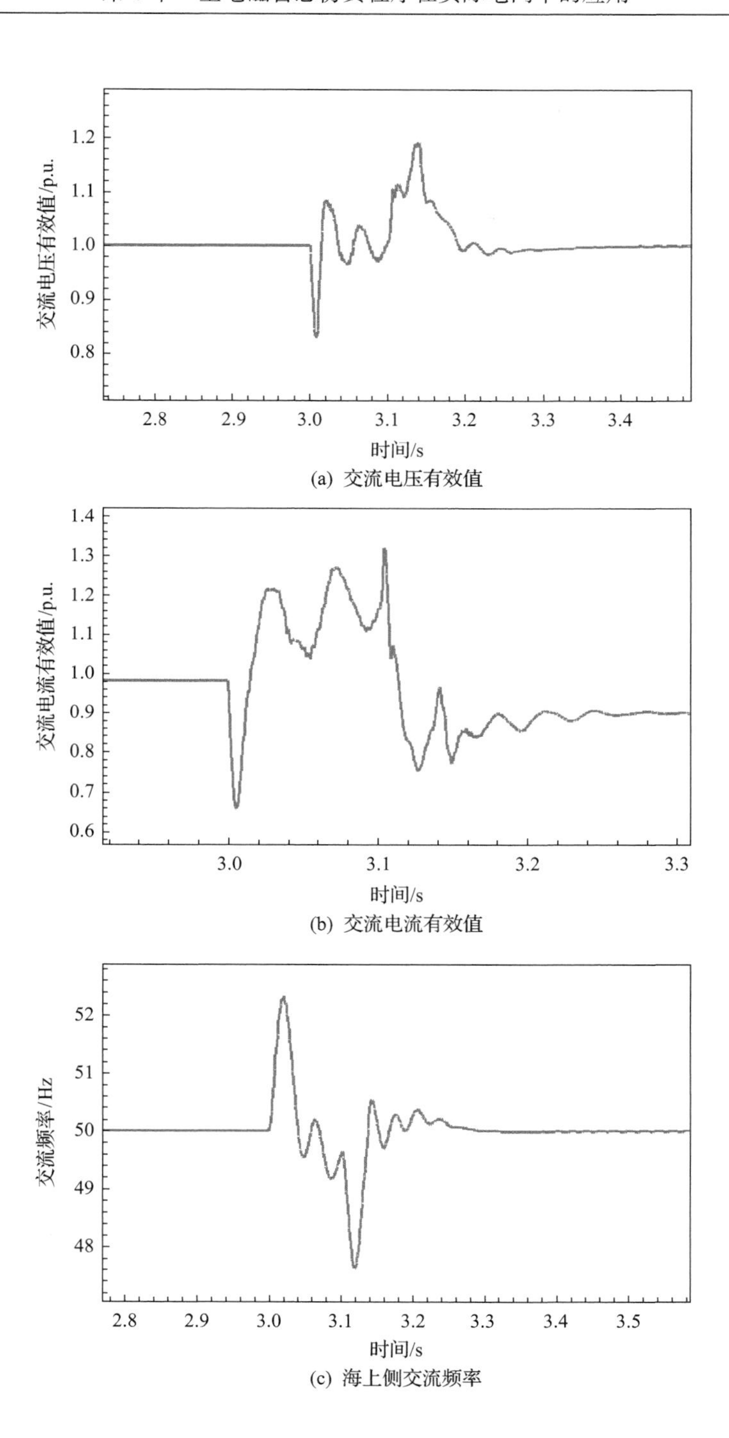

(a) 交流电压有效值

(b) 交流电流有效值

(c) 海上侧交流频率

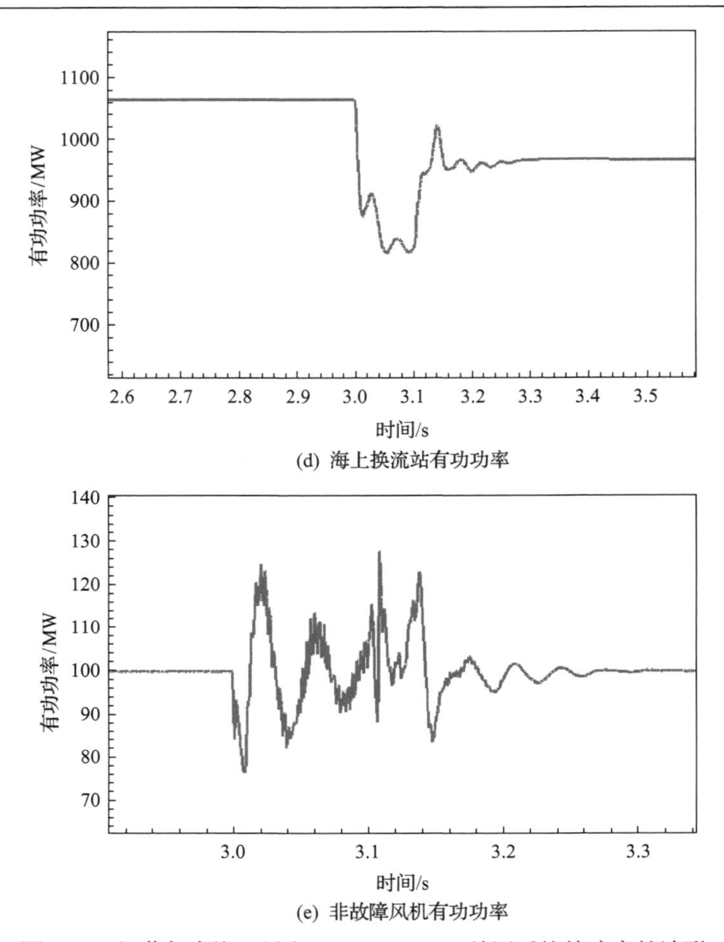

(d) 海上换流站有功功率

(e) 非故障风机有功功率

图 8.34　江苏如东海上风电经 VSC-HVDC 并网系统故障穿越波形

流电缆三相短路故障后，海上侧交流电压有效值升高，交流频率也在波动，0.1s 切除故障线路后，交流电压和频率在海上换流站无源控制的作用下逐渐恢复至额定值。有功功率由 1063MW 过渡至 965MW，非故障风机有功功率也逐渐恢复至额定值。

本节基于 PSModel 仿真平台搭建了江苏如东海上风电经 VSC-HVDC 并网模型，研究了风机经 VSC-HVDC 并网系统的启动策略，确保系统平稳、合理启动至额定状态，并研究了海上风电经 VSC-HVDC 并网系统故障穿越特性，通过优化柔直控制系统的参数，我们认为如东海上风电 H6、H8 以及 H10 三个风电场经柔直送出完全可行，PSModel 仿真平台已经具备仿真大规模海上风电经柔直并网工程的能力，计算速度快、准确且建模高效。

8.4 本章小结

PSModel 全电磁暂态仿真软件已经成功应用于蒙西电网、华东/华北/西北等区域电网以及江苏如东海上风电经交流和柔直送出等实际工程，完成了含大量新能源机组的大规模电网的全电磁暂态仿真计算分析，具备仿真 10000 个三相节点、14 回直流/34 个换流站、超过 1000 个新能源接入点的区域电网的全电磁暂态的建模和仿真能力，在算法研究、软件开发和实际工程应用方面都全面超过了国家重点研发计划项目的预期目标，具备了我国区域电网规模的电力系统全电磁暂态仿真能力，可用于万节点级区域电网稳定性及大规模新能源并网工程的仿真分析。

参考文献

[1] 胡宏彬, 丛雨, 曹斌, 等. 新能源接入地区电网联合仿真平台构建研究[J]. 内蒙古电力技术, 2021, 39(1): 6-9.
[2] 曹斌, 刘文焯, 原帅, 等. 基于低电压穿越试验的光伏发电系统建模研究[J]. 电力系统保护与控制, 2020, 48(18): 146-155.
[3] 荣梦飞, 吴红斌, 吴通华, 等. 提高直驱风电经柔直并网系统稳定性的改进 V/F 控制策略[J]. 电网技术, 2021, 45(5): 1698-1706.
[4] 张建辉, 许莹莹, 李云丰. 交流电网不平衡下铁路功率调节器负序电流完全补偿策略研究[J]. 中国电机工程学报, 2020, 40(10): 3144-3154.